(기초편)

건강기능식품의 제조와 이해

저자/이항우
이인선
전덕수

대구신기술사업단
바이오산업지원센터
DAEGU BIO INDUSTRY CENTER

월드 사이언스
www.worldscience.co.kr

목차 contents

기초편

건강기능식품의 제조와 이해

인　　쇄 | 2007년 3월 25일
발　　행 | 2007년 4월 5일

저　　자 | 이항우, 이인선, 전덕수
발 행 인 | 박선진
발 행 처 | 도서출판 월드사이언스

주　　소 | 서울특별시 동작구 사당5동 240-15
등록일자 | 1987년 12월 14일
등록번호 | 제3-136호
대표전화 | (02) 581-5811~3
팩　　스 | (02) 521-6418
E-mail | worldscience@hanmail.net
U R L | http://www.worldscience.co.kr

정　　가 | 10,000원
I S B N | 978-89-5881-076-6

이 도서의 국립중앙도서관 출판시도서목록(CIP)은 e-CIP 홈페이지
(http://www.nl.go.kr/cip.php)에서 이용하실 수 있습니다.
(CIP제어번호: CIP2007000772)

저자 소개

이 항우

영남대 생물학과 졸업
일본 국립 쯔꾸바대학 응용생물화학 석, 박사 졸업
한국과학기술연구원 생명공학연구원 선임연구원
미국 University of Illinois at chicago, 약학대학 Fellow research
Research assitant professor
영남대학교 이과대학 생물학과/특성화 사업단 부교수
계명대학 TMR센터 전임교수
주)화인코 CTO
현 대구바이오산업지원센터 실장
현 보건산업진흥원 평가위원

이 인선

영남대 식품영양학과 졸업
영남대 식품영양학과 석사 졸업
영남대 식품영양학과 식품미생물학 박사 졸업
일본 후생성 국립의약품식품위생연구소(NIHS) 연구교수
국가과학기술위원회 위원
전통생물소재산업화센터 센터장
현 대구신기술사업단장
현 계명대학교 자연과학대학 식품가공학과 교수

전 덕수

영남대 식품가공학과 졸업
해태제과 생산지원팀 근무
식품기술사
경북대 농업개발대학원 생물자원 이용학 석사
주)영우냉동식품 생산 본부장
주)신화메딕스 건강기능식품 전문제조 경영관리인
Soo F&T CEO
한국식품정보원 영남지부장

총 론

건강기능식품의 이해

생로병사라는 단어는 인간생활에 태어나서 죽을 때까지 아무런 질병 없이 생활을 영위하는데 사람이 가장 신경을 쓰는 단어이다. 즉 병 없이 장수한다는 것은 본능중의 본능이요 과학의 발전과 함께 수명을 계속적으로 연장하고 있어 2030년에는 100~120세를 넘길 것으로 예측하고 있다. 현대 과학 속에 포함되는 것으로는 「유전자」,「식품」,「환경」이라는 과학영역에서 생활 습관병의 예방 및 치료는 식품섭취에 큰 역할을 두지 않을 수 없다. 이러한 식품 섭취는 생활의 다변화로부터 식생활은 점점 서구화되면서 인스턴트 식품화 경향을 띄게 되고 이로 인해 영양의 불균형으로 인한 국민건강이 사회적인 문제로까지 발전하고 있다. 국민 건강 회복이라는 사회적 이슈는 많은 건강식품을 생산하기에 이르렀고 기능성 식품이라는 용어를 통해 확산 보급되면서 건강 지향적 웰빙 식품을 선호하는 경향이 있다. 이러한 경향은 많은 제품들이 생산 판매되는 결과로 이어져 연간매출액은 수천억을 육박하는 거대시장을 이루고 있음에도 불구하고 식품에 대한 안전성 문제는 계속적으로 대두되고 있고, 앞으로도 계속적으로 논의되어야 할 과제이기도 하다.

이들은 학문적 범주에서 다루는 넓은 의미의 기능성 식품과 한층 그 개념이 명확해진 건강 기능 식품으로 나눌 수 있다. 따라서 이 장에서는 건강기능식품을 이해를 돕기 위해 그 기본적인 개념을 서술 하고져 한다.

건강기능식품이란?

건강기능식품이란 인체에 유용한 기능성을 가진 원료나 성분을 사용하여 건강기능식품 전문제조업체에서 제조한 식품으로서 식품의약품안전청장이 기능성이 있다고 인정하는 식품을 말하며 기준 규격형 및 개별 인정형 등록을 마치지 않은 그 이외식품은 '건강기능식품'이라고 할 수 없다.

건강기능식품을 논하기에 앞서 식품과 기능성 식품의 차이를 간단

개별 인정형 건강기능식품 심사절차는?

영업자가 해당 원료의 안전성과 기능성에 관한 자료를 모두 식약청 제출합니다. 식약청은 이들 서류를 검토하고 심의위원회의 심의를 거쳐 식약청장이 인정합니다. 그 다음으로 식약청에서 건강기능식품 원료성분 인정서 발급한다. 영업자는 인정서 발급받은 이후에 제품의 기준 및 규격인정을 위한 서류 제출한다. 기준규격에 대하여 식약청 검토, 심의위원회 심의를 거쳐 식약청장이 인정한다. 식약청에 기준규격 인정서를 발급한다. 발급받은 기준규격 인정서를 가지고 품목제조신고는 식약청(본청)에서, 수입신고는 지방 식약청에서 신고하면 된다.

건강기능식품으로 개별인정 받기 위해 기능성 시험을 실시해야 하는데 식약청이 지정한 시험기관이 따로 있는지?

이와 같이 건강기능식품의 기능성은 환자가 아닌 일반인과 반건강인을 대상으로 하는 식품으로써, 기능성 시험기관을 국가에서 지정하고 있지는 않습니다. '건강기능식품 원료 또는 성분인정에 관한 규정(식약청 고시 제2004-12호)'에 의하면 기능성자료는 병원, 대학, 또는 연구기관에서 시험하는 것을 원칙으로 하고 있으며 외국에서 실시한 시험결과라 하더라도 기관의 장이 발급한 보고서나 학술지 게재 논문, 국제기구 혹은 정부 보고서 등의 결과들 모두 기능성 자료로 검토 가능합니다.

'건강기능식품 원료 또는 성분인정에 관한 규정'에서 제출하게 되어있는 원료성분의 특성에 관한 자료란?

당해 원료성분을 특징 지울 수 있는 성상, 기능성분 (기능성분이 명확하지 않은 경우 지표성분)과 그 근거를 제출하도록 고시에 규정되어 있으며, 실제로 여러 원료를 혼합한 복합원료를 제출할 경우에도 개별 원료의 지표성분과 그 함량을 각각 제시하는 게 바람직하다. 기능성분 혹은 지표성분은 해당 원료의 quality control을 위해서 꼭 필요한 내용이며 안전성과 기능성을 입증하기 위한 기초자료이다. 따라서 제조과정 중 설정한 기능성분 혹은 지표성분의 함량 변화 추이를 같이 제출하는 게 바람직하다.

개별 인정형 건강기능식품으로 인정받기 위한 기간은?

원료성분인정은 120일(공휴일제외)이며, 기준규격인정에는 90일(공휴일제외)이 소요된다.

'의약품과 같거나 유사한 건강기능식품' 이란?

건강기능 식품에 관한 법률' 제24조 ②항과 ③항에 의하면 '②영업자는 의약품의 용도로만 사용되는 원료를 사용하거나 배합 · 혼합비율 · 함량이 의약품과 같거나 유사한 건강기능식품을 제조하거나 그러한 건강기능식품을 수입 · 판매 또는 진열하여서는 아니 된다. ③제2항의 규정에 의한 의약품의 용도로만 사용되는 원료 및 유사한 건강기능식품 등에 관한 구체적인 기준과 범위는 식품의약품안전청장이 정 한다'라고 되어있다. 이에 따라 식약청에서는 '의약품의 용도로만 사용되는 원료 등에 관한 규정'을 제정하였고 이에 속하는 원료는 건강기능식품으로 절대 제조 또는 수입판매 할 수 없다. 물론 개별 인정형으로도 신청하실 수 없다. 동 고시에는 의약품의용도로만 사용할 수 있는 원료 84가지를 나열해놓았으며, "기성한약서에 대한 잠정규정"(보건복지부예규)에서 정한 기성한약서와 "한약처방의 종류 및 조제방법에 관한 규정"에서 정한 한약조제지침서에서 수재되어 있는 품목(처방을 가감할 수 있는 한약서의 근거에 따라 가감한 것 포함)과 원료 및 그 함량이 동일하면 의약품과 같은 것으로, 원료의 종류가 동일한 것은 의약품과 유사한 것으로 정해놓고 있다. 따라서 의약품과 같거나 유사한 것은 84가지 의약품의 용도로만 사용되는 원료처럼 사용하실 수 없으나, 원료가 3가지 이하로 구성된 처방의 품목은 이 원료에서 제외되어 건강기능식품에 사용 가능하고 개별 인정형 건강기능식품으로도 신청 가능하다.

건강기능식품으로 인정받기 위해 인체시험을 할려고 하는데 의약품처럼 시험 이전에 식약청에서 인정을 받아야 하는지?

건강기능식품은 인체시험 사전에 인체시험 protocol에 대해 식약청이 승인하는 과정은 없습니다. 다만, '건강기능식품 원료 또는 성분 인정에 관한 규정' 중 [별표2]에 건강기능식품 원료 또는 성분의 기능성시험 일반원칙이 제시되어 있으므로 동 원칙에 의해 시험을 실시하시거나 의약품 GCP 기관이라면 GCP 기준에 의하여 시험을 실시하여야 한다.

개별인정형으로 인정을 받았다면 건강기능식품에 관한 법률에 의해 그 권리가 보호되는지?

건강기능식품의 개별인정은 건강기능식품에 관한 법률 제14조와 15조에 있으며 개별 인정형 건강기능식품을 신청한 영업자의 권리를 보호하는 규정은 없다. 다만, 15조에 의하면, '①식품의약품안전청장은 판매

마친 일반인도 제품판매가 가능한 품목을 말하는 품목이다. 현재 기능성 표시 부분에 있어 재검토와 표시 항목이 새롭게 공고될 전망이다. 반면에 개별 인정형은 과학적으로 입증된 효능, 안전성, 기준 규격자료를 제출하여 개별적으로 심의허가를 받으면 그 회사만 생산, 판매할 수 있도록 하는 품목이다. 개별 인정형은 여러 단계로 표시할 수 있으나 현재로는 시행하고 있지 않다.

기준 규격형 품목 – 37개 품목

영양보충용 제품, 인삼 제품, 홍삼 제품, 뱀장어 유제품, EPA/DHA함유 제품, 로얄제리 제품, 효모 제품, 화분 제품, 스쿠알렌 함유 제품, 효소제품, 유산균함유 제품, 클로렐라 제품, 스피루리나 제품, 감마리놀렌산함유 제품, 배아유 제품, 배아 제품, 레시틴 제품, 옥타코사놀함유 제품, 알콕시글리세롤 함유 제품, 포도씨유 제품, 식품추출물발효 제품, 뮤코다당 · 단백 제품, 엽록소함유 제품, 버섯 제품, 알로에 제품, 매실추출물 제품, 자라 제품, 베타카로틴함유 제품, 키토산함유 제품, 키토올리고당함유 제품, 글루코사민함유 제품, 프로폴리스추출물 제품, 홍국 제품

개별 인정형 품목– 2007년 1월까지 36개 품목

Co Q 10, 피크노 제놀–프랑스해안송껍질 추출물, 폴리코사놀–사탕수수왁스알코올, 표고버섯균사체AHCC, 포스파티딜세린, 로즈힙분말, 구아바잎, 식물스타놀 에스테르, 라피노스, HemoHIM 당귀등혼합추출물, 글루코사민, 카제인가수분해물, 올리브잎주정추출물, 탈지달맞이꽃종자주정추출물, 정어리펩타이드 SP100N, 자이리톨, 씨제이이테아닌등 복합추출물, 알로에추출물분말N–932, INM176참당귀주정추출물분말, 씨제이이히비스커스등복합추출물, 씨스팜리프리놀–초록입홍합추출오일복합물, 난소화성말토덱스트린, 유니벡스대나무잎추출물, 목이버섯YJ01, 바나바주정추출물, 유니베스틴케이 황금등 복합물, 스피루리나원말, 피브로인추출물BF–7, Dimethylsulfone(MSM), N–아세틸글루코사민, 끼고망 포도종자추출물, 이소말토올리고당, 공액리놀레산, 피니톨, 대도올리고당, 씨제이이홍경천복합추출물

개별인정형 건강기능식품의 인정절차는?

인정받으려는 제품의 주원료에 대하여 안전성과 기능성을 인정받은 후(건강기능식품 원료 또는 성분인정에 관한 규정), 그 원료를 넣어 만든 제품에 대해 기준규격을 인정받아야 한다(건강기능식품기준규격인정). 다만 안전성과 기능성을 인정받으려는 원료는 제품에 함유되어있는 기능성을 나타내는 모든 원료를 통합하여 인정을 받아야 하며(복합원료) 기준규격 인정 시에 들어가는 부원료는 부형제 등의 첨가물 정도만 있어야 한다.

원료성분의 안전성/기능성을 입증 자료 준비방법은?

'건강기능식품 원료 또는 성분 인정에 관한 규정' 제6조, 제7조에 따라 자료를 준비한다. 안전성자료는 동 고시의 [별표 1]에 따라서 안전성 자료를 준비하며 GLP 규정에 의하여 실험한 보고서나 학술지 게재된 논문의 경우에만 안전성 자료로 인정되며 기능성 자료는 기능성을 입증할 수 있는 모든 종류의 자료를 제출하여야 하며 이때에 제출하시는 자료는 GCP 기관에서 수행한 인체시험보고서, 기관의 장이 발급한 보고서, 학술지에 게재된 논문, 국내외 정부 보고서, 국제기구 보고서의 경우에만 해당한다.

개별인정형 건강기능식품의 원료 이름은?

'건강기능식품 원료 또는 성분 인정(식약청고시 제2004-12호)'에 따라 인정되는 기능성 원료의 이름은 제품명이 아니라 제품의 포장에 들어가게 되는 원재료의 이름에 해당하므로 원료의 내용이 명확해야 한다. 건강기능식품의 기능성 원료성분의 이름을 아래와 같은 기준으로 정하고 있다.- 기능성원료명이 원료이름에 나타나며, 제조방법이 나타나도록 한다. (예: 매실추출물, 매실착즙액, 매실분말, 매실희석액 등) 기능성 원료가 단일성분일 경우에는 성분명을 원료이름으로 한다. (예: 비타민 C, 칼슘 등) 복합원료일 경우에는 주 기능성을 나타내는 원료명을 원료이름으로 하거나, 주 기능성을 나타내는 원료를 모를 경우에는 가장 양이 많은 원료명이 원료이름에 나타나도록 한다. (예: 인삼70%, 산수유 10%, 지황20%의 원료인 경우 '인삼 등 복합물', '인삼 등 복합추출물' 으로 표기함)

히 설명하면,

식품 섭취의 가장 큰 목적은 영양공급이며 이는 생명유지의 기본적인 기능이다. 두 번째 목적은 섭취에 의한 만족감이다. 이는 식품이 가지는 감각기능이라고도 할 수 있으며 식품의 성분과 조성이 어우러져 생체감각에 주는 기능 즉 맛과 충만감이라는 기호 특성으로 설명할 수 있다. 세 번째 목적은 영양학적 효과와 더불어 생리학적 작용기전에 초점을 맞추고 섭취한 후, 부가적인 효과를 얻는 것입니다. 올바른 식생활은 건강유지 및 증진에 도움을 줄 뿐 아니라, 질병의 발생 위험도 경감시킬 수 있다. 이는 식품이 갖고 있는 삼차적인 기능으로 생체 내에서의 중화해독기능 이나 인체 내의 조절기능, 생명 유지기능 및 건강 증진의 역할을 담당하는 조절기능으로서 설명할 수 있다.

기능성 식품이란 한마디로 정의를 내리기란 어려운 일이고 각국에서 사용하고 있는 개념과 정의는 문화 및 소재의 다양성으로 각기 다른 의미를 포함하고 있다. 일본의 경우, " 기능성 식품은 생물학적 방어 기전의 강화, 특정 질병의 예방, 특정 질병의 예방, 특정 질병의 회복, 신체 및 정신 상태의 기능 조절에 현저한 효과를 지닌다. "로 정의하고 있다. 한국의 경우, 소비자의 입장으로 보았을 때 치료 개념인 치료식품(Therpeutic Food)으로 인식되어 있는 것이 보편적인 인식이다. 미국의 경우, 건강식품(Health Food) 이나 의약식품(Pharm Food)라는 용어를 일반적으로 사용하고 있으며 독일의 경우는 개선식품(Improvement Food)이라는 표현을 쓰기도 한다. 이러하듯 기능성 식품이란 일상 식품 중에서 특별히 건강에 이로운 특성이 있는 식품으로 넓은 의미에서 해석 할 수 있다.

한편, 고령화 시대가 시작되고 있는 금세기는 이와 병행한 식품과학 산업이 동시에 발달됨에 따라 식품고유기능에 초점을 맞춘 새로운 형태의 식품이 개발되고 있으며, 소비자들은 식품의 기능에 관한 수없이 많은 정보들이 범람하고 있다. 그러나 이러한 정보 중 그릇된 정보와 일반인들이 오해와 이익에 대한 욕심으로 소비자 및 산업계가 피해를 보고 있는 사례는 증가일로에 있다.

이에 학계 및 정부는 건강기능식품의 올바른 사용과 이해를 위해 「건강기능식품에 관한법률」이 제정하였고, 시행령, 시행규칙, 각종 고시가 제정되면서 2004. 1월부터 본격적으로 시행하게 되었다.

「건강기능식품에 관한 법률」에 따르면, 건강기능식품이란 인체에 유용한 기능성을 가진 원료나 성분을 사용하여 정제, 캡셀, 분말, 과립, 액상, 환 등의 형태로 제조 가공한 식품으로 정의 된다. 기능성이란 인체의 구조 및 기능에 대하여 영양소를 조절하거나 생리학적 작용 등과 같은 보건용도에 유용한 효과를 얻는 것이라고 정의되어 있다. 원료 또는 성분의 기능성에 관하여는 영업자가 제출한 인체시험결과, 동물시험결과, in vitro 시험결과, 역학조사결과 또는 관련문헌 등 다양한 과학적 자료를 근거를 바탕으로 식품의약품안전청장이 기능성을 평가 인정하도록 「건강기능식품 원료 또는성분 인정에 관한 규정」에 명시되어 있다. 또한 「건강기능식품의 표시기준」은 식약청 평가를 통해 인정된 기능성을 아래와 같은 3가지 방법으로 표시할 수 있도록 규정되어 있다.

(1) **영양소기능 표시**

인체의 성장 증진 및 정상적인 기능에 대한 영양소의 생리학적 기능을 나타내는 것으로 영양소기준치가 설정되어 있는 것에 한다.

(2) **기타 기능표시**

인체의 정상기능이나 생물학적 활동에 특별한 효과가 있어 건강상의 기여나 기능향상 또는 건강유지, 개선을 나타내는 영양소기능 외의 표시이다.

(3) **질병발생위험감소기능**

전체 식사를 통한 식품의 섭취가 질병의 발생 또는 건강상태의 위험 감소와 관련한 표시 이다.

건강기능식품과 일반식품의 차이는?

일반 식품은 식품의 영양섭취를 주된 목적으로 하고 있지만, 건강기능식품은 인체의 구조 및 기능에 대하여 유용한 기능을 가진 기능성 원료/성분의 섭취가 목적이기에 법률의 개념, 사용목적, 규율체계 등에서 의약품과 엄격히 구분 된다. 이에 반해 건강기능식품은 그 식품의 안전성과 기능성을 위해 의약품과 같이 섭취량, 섭취방법, 섭취 시 주의사항을 제한하고 의무표시 하도록 되어 있다.

건강기능식품의 종류는?

식품의약품안전청장이 기능성이 있다고 인정하는 식품 중에서 기준 규격형 및 개별 인정형으로 대별 할 수 있다. 기존의 건강보조식품으로 취급되던 32개 품목과 2005년 5개 품목을 더하여 37개 품목으로 확대된 것으로 효능, 안전성이 매우 우수하고 제품의 유효성분 규정이나 제품 규정이 맞으면 전문 제조과정을 거친 제품이라면 소정의 기본 교육을를 목적으로 하는 건강기능식품의 원료 또는 성분을 정하여 고시한다. ②식품의약품안전청장은 제1항의 규정에 의하여 고시되지 아니한 건강기능식품의 원료 또는 성분에 대하여는 제5조 제1항 또는 제6조 제1항의 규정에 의한 영업자로부터 당해 원료 또는 성분의 안전성 및 기능성 등에 관한 자료를 제출받아 검토한 후 건강기능식품에 사용할 수 있는 원료 또는 성분으로 인정할 수 있다'라고 되어있으며, 이는 개별 인정형 건강기능식품으로 인정받은 후 식약청에서 그 원료를 ①항의 원료로 고시하기 이전까지는 신청한 영업자만이 인정된다.

다른 영업자가 똑같은 제품을 건강기능식품으로 사용하고자 할 경우에는 그 제품이 고시되기 이전이라면 이전의 영업자와 같은 방법으로 개별인정을 받아야 한다.

건강기능식품의 기능성원료로 인정을 받고자 하는데 신청자의 자격이 있는지?

건강기능식품의 기능성 원료로 인정받기 위해서는 '건강기능식품 원료 또는 성분 인정에 관한 규정'에 따라서 신청하셔야 하며 신청자는 건강기능식품에 관한 법률에서 정한 건강기능식품 제조업자와 수입업자만 가능하다.

(출처: 식품 의약 안전청 건강기능식품정보 게시판)

이와 같이 건강기능식품은 건강보조식품에서 건강기능식품으로 전면적으로 개편을 이루고 있는 실정이며 앞으로도 계속적인 보완과 수정을 거듭하면서 자리 매김을 할 것으로 보인다.

따라서 본 교재에서는 전반부에 건강기능식품의 기본적인 개념과 이해를 바탕으로 서술하였고 후반부는 이때까지 현장에서만 적용되어져 왔던 한정적인 제조법을 매뉴얼 위주로 서술하고져 하였다.

I. 추출기술

1. 추출의 정의와 목적

추출이란 동물, 식물 등의 천연물이나 고체 혼합물, 허브류(식품용)등 시료에 물, 에테르, 에탄올 등의 유기용매를 사용하여 특정(유효)성분만을 용해, 분리시키는 작업으로서 기능성 식품에서의 활용가치는 인간의 건강의식과 함께 발전되고 있다.

2. 추출방법의 분류 및 적용범위

추출(extraction)은 고체 또는 액체 원료를 액체 용제로 처리하여 원료 중에 함유된 가용성 성분을 용해 분리하는 조작이다. 고체 또는 액체 원료를 추료(feed), 액체 용제를 추제(extracting solvent), 추료 중에 포함된 가용성 성분을 추질(solute)이라고 하며, 추출하여 얻는 액을 추출액(extract), 남은 액을 추잔액(raffinate)이라고 부른다.

고-액 추출(solid-liquid extraction)은 침출(leaching)이라고도 하며, 소다법에 의한 흑회의 추출, 황산에 의한 보크사이트 중의 알루미나 추출, CIF3에 의한 우라늄과 토륨의 추출을 비롯하여 식물 종자의 기름 추출이나 사탕수수의 추출 및 생물체의 세포내에 있는 특정 성분의 처리 등에 이용되고 있다. 액-액 추출(liquid-liquid extraction)은 단순히 추출이라고도 하며, 빙초산 수용액으로부터 벤젠에 의한 초산의 농축, 고급 윤활유의 정제, 벤젠에 의한 페놀의 추출 및 디에틸렌글리콜에 의한 탄화수소 화합물 중의 방향족 탄화수소의 추출 등에 이용된다.

많은 경우의 액-액 분리에서는 증류가 추출보다 비용이 적게 드는 조작이지만 비점차가 별로 없거나 너무 높은 비점 때문에 분해할 우려가 있는 성분이 있을 경우에는 증류가 불가능하며 추출에 의한 분리가 필요하다.

1) 추출장치 및 조작

추출장치는 추료의 종류에 따라 달라지며 추출조작은 크게 회분 추출과 향류 추출로 나누어진다. 회분 추출은 하나의 추출기로 매회 새로운 원료를 처리하는 것으로 1회만 추출하는 경우를 일회 추출(single extraction), 동일한 추료에 추제를 나누어 반복 처리하는 것을 다회 추출(multiple extraction)이라고 한다.

향류 추출은 새로운 추료가 농도가 높은 추출액이며 추질 잔량이 작은 추잔물은 새로운 추제로 처리되도록 추료와 추제를 향류시키는 조작으로 공업적으로 중요하다.

(1) 고체 추출장치 및 조작

추료가 고체일 때는 향류 연속조작이 가능하지만 작은 알갱이가 함유된 추료일 때는 이 조작보다는 고체는 정지시켜 놓고 추제와 추출액을 이동시키는 다단법이 주로 이용된다. 추료가 분말인 경우는 적당한 교반에 의해 추료를 추제 중에 현탁시키고 신속하게 추출을 행한다.

① 고정상 추출장치(stationary-bed extractor)

가장 간단한 형식은 침출조로 바닥에 유공판이나 여포를 가진 탱크를 이용하며, 위로부터 조립을 집어넣고 아래에서 추제를 공급하여 추출을 행한다. 추출액은 바닥으로 나오며 새로운 추제를 가하여 추출을 반복한다.

다음은 추제 회수용 증발관을 가진 단일 추출장치이다. 추제를 추출관에 넣고 추제 저장조로부터 추제를 가해 추출을 행한다. 추출액은 증발관에 넣어 추출을 몇회 반복한 다음 가열코일로 증류하여 추제를 응축고에서 응축시켜 추제 저장조에 보내고 추질은 증발관 바닥으로부터 얻는다. 또 물과 혼합하지 않은 추제는 마지막에 증발관 침 추출관에 수증기를 직접 불어 넣어 회수한다.

한편 회분 추출에서는 사용하는 추제의 양이 비교적 많기 때문에 추출액의 농도가 낮은 결점이 있다. 이러한 단점을 해결하기 위해 고체를 액체에 대해 연속적으로 이동시키는 것은 기술적으로 곤란하기 때문에 고체는 정치 시켜 놓고 추제를 반향류 또는 반연속으로 흐르게 하는 다중단 침출장치를 사용한다.

추제를 이동시키는데 중력을 사용하는 경우를 생크스법(Shanks process)이라 하고, 펌프를 이용하여 가압 하에서 추출하는 방법을 강제 연속 추출법 또는 확산 기구법(diffusion battery process)이라 한다. 흑회의 추출이나 유지, 사탕무우 및 탄닌 등의 추출에 널리 이용된다.

②이동상 추출장치(moving-bed extractor)

수직 원통 또는 경사 원통의 내부에 나선형 운반기를 설치하여 추료와 추제를 향류로 접촉시키는 방식으로 향류 연속 추출장치라고도 한다. 볼만 추출기(Bollman extractor)는 밀폐된 용기 내에 버킷승강기(bucket elevator)를 부착시킨 것이다. 부착된 각 버킷은 바닥에 작은 구멍이 있으며 장치의 우측 상단에 있는 작은 용기에는 조각(flake) 상태의 원료가 들어 있는데 장치 내부로 잘 이동되도록 적당한 크기의 중간 미셀라(half miscella)로 만들어 분무시킨다.

대두유 추출의 경우, 중간 미셀라는 일부 추출된 기름과 미세한 고체 입자를 포함하는 용매이다. 고체들과 용매는 장치의 우측하단으로 병류 이동하며, 이때 용매는 대부분의 기름을 콩으로부터 추출한다. 동시에 미세한 고체 입자들은 용매의 출구에서 여과되고 추출성분과 용매의 혼합물인 전미셀라(full miscella)는 바닥에서 배출되어 오른쪽으로 이동한다. 일부 추출된 콩은 다시 장치의 왼쪽으로 올라가면서 순수한 용매와 향류 접촉한다. 이들은 왼쪽용기에 모아진 후 중간 미셀라 저장용기로 들어간다. 완전히 추출된 콩은 승강기의 상부에서 패들운반기(paddle conveyor)에 의해 버킷으로 이탈된다. 보통 50～500[ton/day]의 콩을 처리할 수 있다.

힐데브란트 추출기(Hildebrant extractor)는 각 부분마다 분리나선바퀴가 달린 U자 모양의 나선형 컨베이어로 구성되어 있다. 이 장치는 한 쪽으로 고체 원료가 공급되고, 다른 쪽으로 순수한 용매가 공급되어 향류 접촉한다.

③향류 다단 추출장치(counter current multistage extractor)

다중단 침출조에서는 고체는 이동하지 않고 액상만 이동한다. 이것에 비해 양자가 향류로 이동하는데 이 조작을 향류 다단 추출조작이라고 한다. 고체가 분립체일 경우는 침강조를 이용하여 연속적으로 향류 다단 추출을 한다. 분말 원료는 혼합조에서 제 2침강조의 일류액과 혼합되어 제 1침강조에 공급된다. 제 1침강조에서 고체나 액체는 중력분리되며 고체와 분리된 상징액은 일류하여 최종 추출액으로 나온다. 침강조 바닥으로 나오는 배니는 제 3침강조에서 상징액과 혼합되어 제 2침강조로 보내지어 조작이 계속 반복된다.

(2) 액체 추출장치 및 조작

액체 추출은 기체 흡수나 증류처럼 두 상이 잘 접촉하여 물질전달이 원활하도록 하는 것이다. 그러나 흡수나 증류조작은 기상과 액상의 밀도차가 크므로 쉽고 신속하게 분리할 수 있지만 액체 추출은 밀도차가 작으므로 분리가 어렵다. 액체 추출장치는 기계적 교반을 하는 형식과 유체 자신의 흐름에 의해 교반하는 형식으로 분류되며, 조작은 회분식도 가능하나 다회 추출, 향류 다단 추출, 연속미분 추출 및 환류 추출과 같은 연속식이 주로 사용된다.

① 회분식 추출장치(batch-type extractor)

추료와 추제를 교반조에 넣고 일정시간 심하게 교반한 후 정치하여 분리하는 방식으로 이상적인 평형조작 할 수 있지만 정치시키는데 시간이 많이 걸리므로 원료의 양이 많거나 몇 차례의 접촉을 요구할 경우에는 사용하기 힘들다.

② 혼합 침강기(mixer-settler)

조형 추출기의 대표적인 형식으로 혼합조(mixer)와 침강조(settler)가 직렬로 연결된 것으로 여러 개의 조합하여 병류 및 향류조작을 하기도 한다. 장치의 구조가 간단하여 고정비가 적게 들고 조작조건과 추료나 추제의 종류도 광범위하며 수용액으로부터 우라늄염이나 구리염의 추출에 이용되고 있다.

③ 충전 및 분무 추출탑(Packed and Spray-type extract tower)

충전 및 분무 추출탑은 무거운 액(heavy liquid)이 탑상에서 들어가서 연속상(continuous phase)으로 탑을 채운 상태로 바닥으로 나간다. 가벼운 액(light liquid)은 바닥에 있는 노즐에 통해 분산 또는 분무된 액체방울로서 위쪽으로 상승하여 탑상부에서 합쳐진 후 나간다. 또 다른 방식으로는 무거운 액이 연속상으로 상승하는 가벼운 액 속으로 분무되는 것이 있다.

탑 내부에 벌 새들(berl saddle)이나 라시히 링(raschig ring)을 충전하여 액체방울이 합쳐지거나 재분산되는 것을 원활하게 해주면 더욱 효과적이다.

④다공판 및 방해판 탑(perforated-plate and baffle plate tower)

액체방울의 생성소멸이 1회에 그치는 분무탑의 결점을 해결한 것으로 다공판을 통해 액체방울의 재형성 및 재분산이 일어나도록 여러 번 반복하여 효율을 높이는 것이다. 일반적으로 가벼운 액체는 분산상으로 도입되며, 일류관(down comer)은 다음 단으로 무거운 액체를 옮겨주는 역할을 한다. 다공판 탑의 변형으로는 유로에 디스크 도넛형(disc and doughnut), 측부 조립형(side to side) 및 중심 조립형(center to side)과 같은 수평 방해판(baffle)을 설치하여 접촉을 원활히 하도록 한 방해판 탑이 있다. 방해판의 간격은 보통 10～15㎝이며 부식에 의해 구멍이 커지거나 막히는 일이 없으므로 현탁된 고체를 함유한 용액의 취급이 적당하다.

⑤ 교반탑(agitated tower)

터빈이나 중심에 회전축이 있는 교반기로 기계적 에너지를 공급하여 두 색상을 혼합하는 것으로 교반날개 사이에는 혼합 침강기의 효과를 얻기 위해 간막이나 무풍구역(calming section)으로 설치한다. 무풍구역은 상(phase)들의 혼합과 분리를 촉진하기 위해 철망(wire mesh)으로 설치되어 있다.

각 교반날개의 거리는 30～60㎝이며, 이것은 짧은 탑내에서 많은 접촉이 일어나도록 한 것이다. 이 탑은 부식성 액체를 사용하면 내부장치가 침식되므로 사용할 수 없다. 패들(paddle)형 교반기를 사용하는 샤이벨 탑(Scheibel tower)과, 원판형 날개를 사용하는 회전원판탑도 있다.

⑥ 맥동탑(pulse tower)

맥동탑에서는 왕복펌프가 작은 진폭의 빠른 운동을 함으로써 정상적인 흐름을 유지하면서도 전체 내용물을 맥동시킨다. 맥동탑은 보통의 충전물이나 특수한 체판을 갖는다. 충전탑에서 맥동은 액체를 확산시키고 편류현상(channeling)을 없애며 액상사이의 접촉을 활발하게 한다. 왕복운동에 의한 이상적인 맥동은 피스톤이 위로 올라갈 때는 가벼운 액체가 무거운 액체 속으로 확산되며 아래로 내려갈 때는 무거운 액체가 가벼운 액체 속으로 주입된다. 두 상의 부피가 거의 같고 부피변화가 거의 없다면 이때의 단효율은 70%에 이른다. 맥동탑은 이론적인 접촉만을 고려할 때 비맥동탑에서 요구되는 높이의 1/3보다 작아도 되는 장점이 있다.

⑦ 원심추출기(centrifugal extractor)

고속회전에 의한 원심력을 이용하는 것이기 때문에 비중차가 적을 때 적합하다. 포드빌락(Podbielniak) 추출기는 무거운 금속통 속에 액이 들어오고 나갈 수 있도록 속이 비어 있는 횡축에 나선형의 리본이 감겨져 있다. 가벼운 액체는 3～12 기압의 원심력으로 나선형의 바깥쪽으로 펌핑되고 무거운 액체는 중심쪽으로 펌핑된다. 이들 액체는 리본과 벽면 사이의 통로를 따라 서로 반대방향으로 흐른다. 즉 무거운 액체는 나선형의 바깥면을 따라 외측으로 이동하고 가벼운 액체는 안쪽 면을 따라 내측으로 이동된다.

원심추출기는 적은 공간에서 이론적 접촉이 많고 체류시간이 짧아서 처리량이 큰 장점이 있으나 구조가 복잡하고 값이 비싸서 사용이 제한되는 편이다. 비타민이나 항생물질 등의 예민한 물질의 추출에 유용하다.

3. 추출 공정도

원료입고

⇦ 검　수: 각 허브원료 특성에 따른 검수기준표 적용
사용도구: 피펫, 지퍼백, 1회용장갑, 마이크로스코프, 저울 등

원료계근

⇦ 정 량 화: 제품별 RECIPE에 준한 정량계근
사용도구: 전자저울, 위생계근 용기 및 도구

추출준비

C.I.P 작업 기준 수립 및 시행
⇦ 약제세척 및 원료투입
사용도구 : 정제수, 대형바스켓(50~100), 추출T/K Bucket, 마대자루 등

추　출

⇦ 허브특성에 따른 추출조건 설정
사용도구 : 스팀(2㎏/㎠이상), 정제수공급-배수라인, T/K확인등,

service T/K

충　전

BOTTLE Line
파우치 Line

원료입고

식물산업에서 사용 가능한 기능성 원료는 의약품과 분리하여 2004년 건강 기능성 식품 공전에 별도로 정하여 관리되고 있으며 식품으로 사용가능한 한약재는 국산과 수입산에 대한 구분관리를 위한 공급처의 사업자 등록증 혹은 수입신고필증에 정확히 기재된 원료만을 사용하여야 한다.

1) 원료입고 검수

- 입고된 원료의 특성에 따라 구분입고 관리한다.
- 1차 가공원료는 원료시험 성적서를 첨부하여 검수된 check list를 파악 자사에서 확인 가능한 항목을 정하여야하며 원료 특성별 법적 검사기준에 의해 시행한다.

〈확인사항〉

- 제조일자(유통기한)
- 포장단위(중량/용량) 및 포장재질
- 식품유형
- 성분조성표(필요에 따라 영양정보 포함)
- 사용 설명서
- 원산지
- 보관조건(냉동/냉장/실온/상온)

〈1차 가공품 종류 〉

- 분말류
- 액상류
- 당류

원료계근

1) 검수방법

① 시료의 용기(포대 혹은 CAN, 드럼, 박스 등)를 해체 하기전 외부 오염 방지를 위해 청결지역으로 이동 후 실행하거나 주변 소독을 위해 에틸알콜 75%를 골고루 분사하여 실행한다. 포장재의 특성에 따라 칼, 가위 혹은 위생장갑을 착용한 손으로 해체 후 원료별 기능에 따

른 용기, 지퍼팩 등을 사용하여 시료를 위생적으로 채취, 투입한 후 마지막으로 알콜 spray 등 위생 처리하여 포장원료의 해체 부분을 깨끗이 재밀봉 처리하여한다. (보관 중 2차 오염 방지)

② 검수 결과 확인 되지 않은 원료는 별도 구획 장소에 보관하고 확인 후 정상 제품과 불량제품은 원료 관리 기준서에 의해 구분 관리하여야 한다.

추출준비

식품 산업에서는 recipe에 의한 정확한 계근이 완제품의 완성도를 높이는 한 방법으로써 매우 중요한 공정이다.

■ 일반적으로 가공원료는 주원료 부원료를 구분하여 계근하여야 하며 계근에 필요한 용기는 계근 중량, 용량에 따른 규격별로 비치하여 위생적으로 관리한다.

■ 원료계근 중 오염을 예방하기 위해 기본적으로 별도의 구획된 공간에서 공조를 작동시켜 관리하여야 하며 계근전담요원을 배치 측정오차발생을 없애는 작업이 되어야 한다.

〈 주요 check point 〉

- 가공분말원료 : 계근중 발생되는 분진 제거를 위해 국소 배기설비가 요구되며 계근을 위한 사용도구는 필요에 따라 자체 개발된 지그 등을 사용 관리하는 것이 효율적 정량 계근 관리하에 작업이 진행될 수 있다.
- 액상원료 : 계근 중 발생될 수 있는 액상유출의 사후 위생관리가 용이 하도록 STS 재질의 작업대를 사용하여 관리하여야 하며 사용도구는 효율적 정량계근 관리하에 작업이 진행될 수 있다.
- 허브류(한약재) : 모든 약초는 자연 상태에서 건조 보관되었으므로 필 히 세척 재건조 과정을 거친 후 사용하여야 하며 건조후 함수율은 3%이하 관리되어야 곰팡이 등 원료의 2차 오염을 줄일 수 있다.

추 출

1) 추출의 목적

추출의 정의에서 말하였듯이 추출의 목적이 원、부재료 내에 함유되어 있는 유효물질을 뽑아내어 기능적 요소(물질)를 활용하는데 있다. 이때, 사용되는 원、부재료의 특성에 따라 추출방법의 차이가 발생한다.

2) 추출방법에 따른 분류

- 혼합식
- 병류식
- 연속 향류식 등이 있다.

3) 추출방법

(1) 준비사항

- punching bucket(T/K 용량 및 원료특성에 따라 적절히 규격화 시킨다)
- 마대자루, punching 받침대(T/K 규격 확인)
- Line strainer
- Basket filter(5～0.1㎛)
- Pump 류
- 추출 T/K(1～2 ton)
- 농축 T/K(1～2 ton)
- Service T/K(1～2 ton)
- 각종 피팅류, 도구류 등

(2) 추출준비

추출공정은 완제품의 효능효과를 확인 관리할 수 있는 매우 중요한 공정으로서 recipe에 따를 원료외의 어떤 물질도 혼용되어서는 안 되므로 사전 CIP 작업을 철저히 하여야 한다.

CIP(Cleaning In Place) 작업은 다음과 같은 방법으로 시행한다.

① 산성약재(C-6) 사용

CIP T/K 에 투입용해 후 Pump를 사용하여 Circulation 작업을 실시한다. 이때 추출 T/K에서 service T/K 및 농축 T/K 까지 circulation 시킬 수 있도록 배관 구성 및 valve의 조작관리에 주의하여야 한다.

※ 소요시간 : 30분~1시간

(시간은 pump용량, 배관선 속도에 따라 가감 조정할 수 있다.)

② 모든 T/K 및 배관의 중화세척을 위해 알칼리 약재(C-7)로 세척을 하되 산 세척의 이동경로와 반드시 동일하게 라인 구성된 상태에서 실행하여야 한다.

※ 소요시간 : 산세척과 동일

③ 최종적으로 잔류용매 제거를 위해 95℃ 이상 열수를 pump 용량 혹은 배관 선속도 1~2시간 분량으로 연속 circulation 시킨다.

④ 마지막으로 깨끗한 소독수(염소 50ppm 이하)로 세척 혹은 열수 세척수를 제거 후 그대로 대기한다.

(3) 추출순서

① 제조하고자하는 제품의 recipe를 확인한 후, 준비된 투입원료 및 사용 기구 설비 등을 꼼꼼히 점검한다.

② 허브류 원료는 흐르는 물에 깨끗이 세척한 후 추출 T/K의 특성에 맞추어 Bucket, 마대자루, 혹은 random 투입한 후 정제수를 T/K 내 일정용량 넣는다.

※ 특이사항

추출하고자하는 최종 용량(중량)은 T/K 크기, 투입원료에 따라 변하며 정제수 사용양은 원료특성에 따라 차이가 많이 있으나 허브류의 경우에는 원료 총중량 대비 10±2 배 정도가 적당하다.

(원료 및 완제품 특성에 따라 기준 차이가 많이 존재함을 명심하여야 한다.)

③ 추출을 위한 원료, 정제수 투입이 끝나면 추출 T/K 투입구를 완전히 밀봉작업한 후 steam을 공급하면 T/K 내 추출액의 circulation 작업도 함께 시행한다.

※ 특이사항

- 추출 T/K의 구조는 2중 Jaket type으로 구성 live steam이 용액에 직접 닿으면 안 된다. live steam의 온도에 의한 열 손상 및 추출 탄화물이 출입될 가능성에 유의한다.
- steam 압은 1.0㎏/㎠ 1.5㎏/㎠ 범위에 작업한다.(Steam 온도 : 100～110℃)

⇒ 곡물 혹은 열에 약한 원료인 경우는 추출액 온도 95℃ 이하에서 짧은 시간 시행할 수도 있다.

0.5t 엑체탱크 설비

- 추출용액의 circulation 목적은 원료 내 유효물질의 원활한 추출을 돕는다.
- 일반적인 건조 Herb류 추출시간은 6±3시간 정도에서 결정된다. 단 설비의 특성(크기, 진공도, 스팀압 등)에 따라 더 짧게 혹은 더 길게 추출작업이 진행되는 경우도 발생한다.
- 원료의 구성(뿌리부, 잎부, 줄기부, 껍질부 및 열매 등)에 따라 시간차이 발생할 수 있다. 예를 들어 뿌리, 껍질 부위는 추출시간이 길고, 잎 혹은 열매부는 추출시간이 짧다.
- 추출의 목적은 앞에서 언급한 것처럼 계획된 기능성 물질이 혼합액 혹은 원료의 구성분에 함께 들어있는 섬유소(전분류)와 함께 용출되어 용질 속에 용해되어 있어야 하며 기타물질 등에 의

한 변성에 유의하여야 한다. (예; 열탄화물, 변성, 고형물 과다현상 등)

• 추출기술에 따라 유효성분 추출량은 투입량(혹은 투입된 유효성분량) 대비 추출기술에 따라 많은 차이를 나타내며 일반 열추출 유효성분의 직접 혹은 간접 섭취의 방법을 선택하게 된다.
 - 추출 기술에 따른 유효성분량 확인이 필요하다.
 - 일반 열수추출에서의 circulation 작업의 목적은 허브류 heat shock 방지, 추출 유효물질 증대, 시간단축 등 대량추출에서 Batch type의 장점을 가질 수 있다.

④ 추출 T/K에서의 추출작업이 종료되면 steam 공급을 중단하고 T/K 상단의 안전변을 개봉한 후 잠시 대기한다.
 • T/K 내 잔존 압력을 완전히 제거하여 안전 작업 준비를 한다.
 • 추출액 이송 pump의 소손 예방(압력차이)에 주의를 기울인다.

⑤ 안전변 작동이 중단되면 T/K 연결 valve를 열고 추출액을 service T/K로 이송준비한다.
 • 추출 T/K의 용량 형태 기능에 따라 조작 방법의 차이가 있음.

※ 추출액 이송 전 확인사항
 • 배관연결 부위 및 valve의 위치 확인
 • Basket filter의 세척 및 filter 규격, 상태, 연결 등 확인
 • service T/K의 세척, 살균 점검
 • 기타 위생, 안전 등에 관련된 사항은 필터 점검, 확인 후 작업
 • Sample의 채취 valve를 통해 추출액 sample을 확인 (고형량, 색상, 성상 등)

⑥ 추출액 이송

제품 특성에 맞는 추출물이 확인되면 service T/K로 이송하는데 추출액의 혼탁도 및 물성에 따라 pump 용량의 차이가 발생된다. 따라서 설비 setting시 pump 용량은 이송량의 150% 이상 용량으로 맞추는 것이 효율적 관리 방법이다. 추출액 이송 pump는 대부분 원심 pump 계를 사용. 고압이 걸리면 공회전하므로 안전사고를 예방할 수 있으며 위생적 관리도 용이하다

허브류에서 추출액과 함께 분리된 전분류, 섬유질 등은 이송 원심

pump를 지나 Basket filter에서 전부 제거되어야 하며 많은 혼탁물이 발생되는 제품은 basket filter를 직열(2열~3열) 방법으로 제거시키고 다음으로 300~500 mesh 또는 5~0.1㎛의 filter를 사용하여 효과적으로 혼탁물을 여과시킨다.

※ Basket filter의 역할

Basket filter의 구조에 따라 screen 능력은 엄청난 차이를 나타낸다.

- mesh type basket filter

  타공판 혹은 PET 천을 사용. 80~100 mesh의 basket filter 형태로서 육안식별이 가능한 이물질 제거능력은 가지고 있으며 처리용량은 basket 크기에 따라 정해진다.

- 카트리치 filter

  일반적으로 명주실구조로 되어 있으며 정밀도에 따라 실의 굵기 혹은 재질 변경이 가능하고 약 5~0.1㎛의 미세 이물질을 제거할 수 있으며 처리 용량은 카트리지 filter의 길이 혹은 basket 내 개수에 따라 정해진다.

service T/K

1) Service T/K의 역할

(1) 추출액의 2차 살균

완제품 충전 작업 전 T/K 내 용액의 열 살균 작업을 시행한다.

(2) 추출액 혼합

제품 recipe에 의한 기타첨가물 작업을 service T/K 내에서 이루어지면 액상 혹은 분말 원료 혼합을 위한 별도의 Mixing Panel 작업으로 위생 및 안정적인 작업으로 할 수 있다.

2) service T/K에서의 소요시간은 가능한 최소시간으로 하며 2중 Jacket 구조로 열수 순환이 가능하며 액상충전 작업 혹은 농축작업을 위한 준비 단계에서의 Holding T/K 개념에서 활용하여야 한다.

3) service T/K 내 교반기는 제품의 고형정도, 혼합종류에 따라 차이는 있으나, 평균 40±20 rpm에서 가변될 수 있는 교반 작업이 매우 중요하

다. 또 교반기 Blade의 각도는 T/K 내 Mix 효율 및 품질에 많은 영향을 가지기 때문에 매우 중요하다.

충 전

1) 추출액 충전은 제품 특성상 건강기능 식품의 공정작업으로 진행되므로 위생관리에 최선의 작업이 이루어져야 하며 액상 bottle 작업 혹은 파우치 작업에 따라 설비 및 라인 구조는 매우 복잡하게 구성되므로 여기서는 파우치 작업 충전 방법에 대해서만 기술한다.

service T/K에서 가장 먼저 line strainer를 거쳐 이송 pump로 이동 파우치 충전기 옆의 balance T/K로 이송된다.

※ Line strainer 작업의 역할

- service T/K에서의 혼합 중 발생 가능한 이 물질 제거
- line strainer는 1회 통과 후 필히 분해 세척하여야 한다.

2) Balance T/K에서는 파우치 충전기의 처리용량에 따라 추출액 공급을 자동으로 통제 제어하면서 관리되도록 3단 level sensor가 부착되어 있어야 한다.
3단 level sensor는 T/K 내 최소량과 최대량을 감지하여 적정량에서 2중 sensor에 의해 사전 오차를 예방하는 역할을 한다.

3) 파우치 포장기

(1) Balance T/K에서 충전 Line을 거쳐 파우치 포장지에 추출(혼합)액을 이송시키는 pump는 정량 pump 혹은 cylinder type 충전에 의한 방법을 사용하여 정해진 일정용량을 공급한다. 이 때 각 부위의 Line 배관, 노즐, tip 등의 위생소독 관리는 CIP 기준에 따라 정해진 대로 시행하여 위생안전에 철저히 대비하여야 한다.

(2) 파우치 포장지는 roll 혹은 3면 sealing 봉지 type에 있으며 설비 혹은 제품 특성에 따라 포장지 재질 및 형태를 결정한다. 이때 최종 결정 point는 고객의 효율성과 편리성을 감안하여 설비에 특성에 맞게 결정되어야 한다.

(3) 파우치 충전온도는 추출액의 위생을 위해 필히 93℃ 이상 관리되어

야 하며 이것을 지키기 위해 Balance T/K는 2중 Jacket type으로 열수 순환 방식이 바람직하다.

(4) 추출액 최종 통과 노즐 tip에서 자동 roll 포장지에 액을 투입하는 과정의 공정은 sealing 온도, Eye mark 위치, 포장속도 등에 따라 변화가 민감하게 발생하므로 전문기사의 배치로 작업 안전성이 요구된다.

(5) 파우치 포장이 완성된 후 확인 점검 사항
① Eye mark 위치
② Sealing 강도 및 Air leakage 현상 여부
③ 날인(유통기한 혹은 제조일자)
④ Spec. 중량 등

포 장

1) 식품포장의 정의
식품 포장이라 함은 식품의 운송, 보관 및 저장, 진열 등에 있어서 가치와 상품상태를 보호하기 위하여 금속류의 포장재료(캔, 알루미늄, 호일 등), 고분자 물질류의 포장재료(셀로판 등), 플라스틱 포장재료(필름, 종이, 가공지, 목재상자, 접착제, 인쇄재료 등) 그리고 기타 포장재료 등으로 이러한 목적은 식품의 수송, 보존, 작업성, 위생성, 관리성, 상품성 등을 높이는데 있다고 말할 수 있다. 보다 구체적인 포장의 특징과 세부내용은 12장에서 다루기로 한다.

2) 식품포장의 특징
모든 식품은 생산 후 최종 소비자가 이용하기까지는 여러 가지의 유통과정을 거쳐야 하며, 유통 도중에 대기의 온도, 습도, 가스, 열, 빛, 곤충, 식품자체의 화학적 변화, 미생물 등에 의해 일정기간이 지나면 부패된다. 이렇게 되면 식품으로서의 기능을 잃어버림은 물론 상품으로서의 가치도 상실하게 된다. 식품저장을 위한 방법에는 건조법(천일건조, 열풍건조, 고온건조, 냉동건조, 감압건조), 냉장 및 냉동법, 살균법 및 염장법, 산저장법, 훈연법, 가스충진법 등이 있지만 이들 만으로는 식품을 안전하게 소비자에게 전달하기란 한계가 있다. 따라서 이러한 제반요건들을 방지하기 위하여 식품의 특성에 따라 적절한 포장이 요구되어야 하며 생산자가 의도한 품질이 변질됨이 없이 안전하게 소비자에게

전달해야 하는 것이 식품포장 연구의 주목적 되는 것이다. 따라서 식품포장은 다음과 같은 기본적인 기능을 수행할 수 있어야 한다.

- 미생물학적 변질에 의한 식품의 부패 또는 이상발효가 방지되어야 한다.
- 물리학적 변질에 의한 건조 또는 흡습이 방지되어야 한다.
- 화학적 변질에 의한 식품의 퇴색이나 유지의 산화 등이 방지되어야 한다.

3) 식품포장의 역할과 과제

인간은 일상생활 활동을 유지해가기 위해 필요한 영양소의 보급이나 에너지(열량)의 보급을 받지 않으면 안 된다. 인간이 섭취해야 할 필요한 영양원은 당질, 지질, 단백질 3대영양소와 비타민 무기질 등이 있으며, 식물과 영양의 문제는 생명과 직접적인 관계가 있는 것이다. 그러나 식품은 자연 상태로 방치하면 단시간 내에 당질 및 지질의 미생물 분해나 산화 등에 의해 변패 및 단백질의 미생물 분해에 의해 부패한다. 식품은 변질(변패, 부패)하면 현저히 상품 가치가 저하될 뿐만 아니라, 영양의 저하도 초래하여 식품위생상 큰 문제를 일으킨다. 그 중에서도 미생물의 증식에 의한 식품의 변질을 방지하는 것이 가장 중요하다. 식품의 보존법에는 냉장. 냉동법, 건조법, 가열살균법, 포장법, 식품첨가물을 첨가하는 방법, 기타(훈연법, 자외선 또는 방사선 조사법 등) 등이 있는데, 식품을 변질시키지 않고 보존 유통시키는 것은 경제적, 식품위생 및 영양학적인 면에서도 중요하다. 특히 포장은 각종 보존기법에 의해 식품을 안전하고 위생적인 상태를 유지시켜 소비자에게 제공해야 하는 중요한 역할을 맡고 있는 것이다. 오늘날 환경 보호 문제는 포장업계에도 큰 문제가 되고 있다. 그렇기 때문에 적정포장화를 추진함과 동시에 상대환경부하의 비교나 사용 후의 처리문제에 대응한 포장재료 및 포장용기의 개발을 목표로 한 노력이 요구된다. 포장의 정의는 한국공업규격에 잘 나타나 있는데 그 정의에 따라 식품포장을 분류하면 다음과 같다.

(1) 기능적 분류(개장, 내장, 외장)

① 포장재료에 따른 분류 - 유리 및 도자기, 금속제용기, 플라스틱제용기, 종이제 용기, 목제용기

② 식품의 형상에 따른 분류 - 고형식품용기, 액체식품용기

③ 포장기법에 따른 분류 - 진공포장, 가스충진포장, 무균화포장

④ 유통면에서 본 분류 - 냉장식품포장, 냉동식품포장, 레토르트식품 포장

⑤ 포장재료의 물성면에서 본 분류 - 플렉시블포장, 리지드포장, 방습포장, 가스배리어포장

소비자의 식생활 의식의 변화에 따른 욕구에 대응하는 상품이 개발되고 있는 가운데, 상품의 기능을 살리는 포장 기술이나 포장소재의 기능성 향상 및 환경보호문제에 대응한 포장용기의 개발 등을 목표로 한 노력이 이어지고 있다. 식품용 포장, 용기의 기능에 대해서는 식품의 품질보전 등의 관점에서 개발되고 있는데, 자원의 유효이용과 소비자 보호 및 안전성의 강화 등의 사회적응성 기능에 대해서도 고려되고 있다.

4) 살균용 식품포장방법과 포장방법

살균용 식품 포장 방법에는 기능성 중심으로 고도로 발달된 Boil 살균 및 Retort 살균용 식품포장이 있는데 Boil in Pouch는 카레류, 미트소스류, stew, 햄버거 등의 조리 또는 반조리 식품을 레토르트용 복합필름대에 충진, 실링 포장 후 120℃ 전후의 고온가열 살균 처리하여 통조림과 동등한 보호 기능을 지닌 것으로써 이는 주머니체로 열탕중에 가열, 간편하게 작은 주머니 포장 상태로 편안하게 조리식품을 제공하는데 주로 사용되고 있다.

(1) 보일 살균포장

보일 살균포장이라 하여 식품을 장기간 보존시키기 위한 목적으로 식품을 진공포장하거나 로켓트 포장하여 75-95℃의 열탕에서 15-60분간 끓여 미생물 살균을 하여 식품을 보존시키는 방법이다. 슬라이스햄은 진공포장 후 85℃에서 15분간 열탕 살균시키는 방법으로 포장을 실시하였다. 그리고 레토르트 살균이라 하여 가열 살균처리에 의하여 포장식품을 무균화하기 위해서는 산성식품을 제외하고 100℃ 이상의 온도에서 처리하여야 한다. 증기는 대기압 이상의 압력으로 하여 100℃ 이상의 온도가 얻어지며, 일정압력에서 일정온도를 나타내는 성질이 있기 때문에 레토르트라고 불리는 고압 가마를 사용, 이곳에 포장된 식품을 넣고 증기를 불어넣어 식품을 살균하는 식품보존법의 일종이다.

(2) 저온식품포장 및 가스충진포장

저온식품포장이라 하여 미생물 번식을 억제, 멸균하기 위하여 10℃ 이하 혹은 0℃ 이하의 냉동, 냉장, 저장하는 것인데, 이는 방수성, 내한성, 수증기투과성, 가스투과성을 감안한 포장재료를 선택한 포장방법이다. 가스충진포장이라 하여 대기 중의 공기를 이산화탄소, 질소, 산소 등으로 바꾸어 포장 내에 존재케 하면 식품을 상당기간 저장할 수 있다. 신선한 식품의 경우, 낮은 이산화탄소와 산소의 조절된 비율로 충전하면 신선도를 매우 오랫동안 유지할 수 있다. 한편, 자외선, 방사선, 초음파 같은 선량을 이용하여 살균하는 포장방법도 식품에 이용되고 있으며, 탈산소제를 넣어 포장하여 식품의 산화 등을 방지하는 포장도 개발되어 있다. 물론 전자산업의 발달로 인해 전자레인지의 보급이 빠른 속도로 확산되면서 냉동식품이 개발되어 전자레인지용 식품포장용도 빠른 속도로 발전되고 있는 추세이다.

(3) 환경제어포장 및 액티브포장

환경제어포장 방법은 산소와 이산화탄소의 차단성 포장재를 사용하여 포장내의 공기의 조성을 변화시켜 식품을 장시간 안전하게 보관하는 포장기법과 환경조절포장 이라고 하여 환경제어포장과 비슷하지만 선택적 투과 포장재를 사용하여 외부의 공기와 내부의 공기의 상호작용을 통하여 내용물의 신선도를 유지시키고 투과성을 자동조절하는 포장시스템이다. 그리고 일명 액티브포장이라고 하여 탈산소재를 포장재에 혼합하여 산소분압을 낮추는 메카니즘을 이용한 것과 이산화탄소의 농도를 조절하는 것, 포장재가 식품주위의 습기를 흡착시키는 것 그리고 에탄올을 포장재에 주입시켜 미생물의 번식을 억제함으로써 식품의 안정적 장기 보관이 가능한 것들도 있다.

(4) 가스치환포장

가스치환포장은 진공포장과 랩포장의 문제점에 대한 개선책으로 개발된 방법이다. 이 방법은 품질을 유지하면서 저장기간을 연장시킬 목적으로 식품자체의 호흡속도를 늦추고, 미생물 성장을 감소시키며, 효소에 의한 오염을 지연시키기 위해 포장 용기내 대기조성을 변화시키는 것을 말한다.

II. 여과(Filtration) 기술

여과는 여과액체와 고형물이 포함된 유체를 여과매체(filtering medium)에 통과시켜서 여과지의 다공질재료보다 큰 입자가 막 위에 층으로 퇴적(여괴 : filter cake)되게 함으로써 고체입자를 분리 조작하는 것이다. 이때 유체는 액체나 기체일 수 있으며, 여과 대상은 유체나 고체 또는 둘 다가 될 수 있다. (그림 Ⅱ-1.) 따라서 여과는 응집이나 연화된 후 침강에 의해 제거되지는 않는 작은 플럭이나 침전입자들을 제거하기 위한 마감단계로 식품 및 생물공학 부분에서 가장 많이 사용되어지고 있는 방법이다.

처리능력에 있어서 그 특징을 살펴보면 우선 장치를 소형화할 수 있고 설치 면적의 최소화를 꾀할 수 있으며 처리 속도가 빠르고 제거된 슬러지의 건조 속도가 빠르며 미세한 슬러지나 박테리아의 제거도 가능하다.

여과의 특성을 살펴보면, 여과면적은 다음과 같이 나타난다.

$$A = Q / V$$

A : 여과지 면적 (m^2)
Q : 여과수량 (m^3/d)
V : 여과속도 (m/d)

1. 여과의 분류

고체와 액체의 분리에 있어서 고체의 양에 따른 분리를 살펴보면 액체의 양에 비해 고체의 양이 적을 경우는 여과를 행하고 고체의 양이 비교적 많을 경우는 원심분리를 행하고 고체의 양에 비해 액체의 양이 아주 적을 경우는 건조를 행하는 것이 일반적인 분리 방법이다.

그림 II –1. 여과 메카니즘의 종류: (a) cake filter (b) clarifying filter (c) crossflow filter

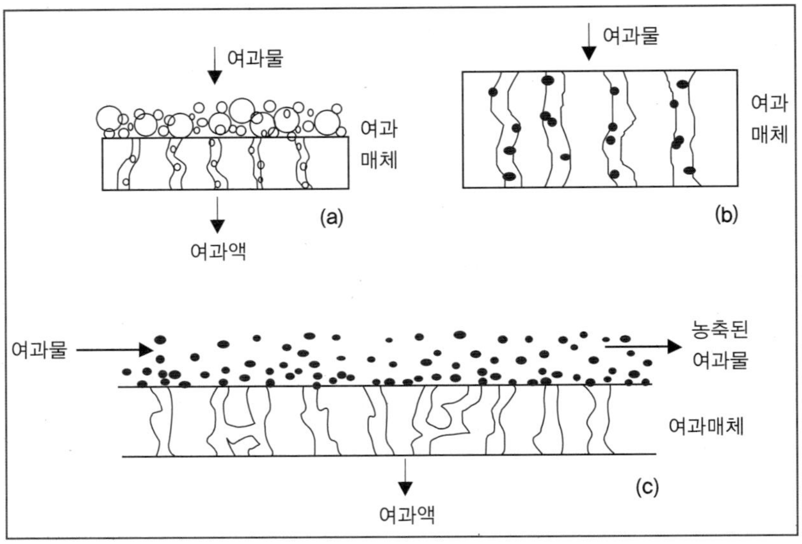

그림 II –2. 여과장치의 구조. 0. 여과기 본체, 1. 원수유입구, 2. 여과여액 배출구, 3. 세정액 배출구, 4. 콘트롤 패널, 5. 여과펌프, 6. 에어실린더, 7. 회전판, 8. 압력계, 9. 버터플라이 밸브

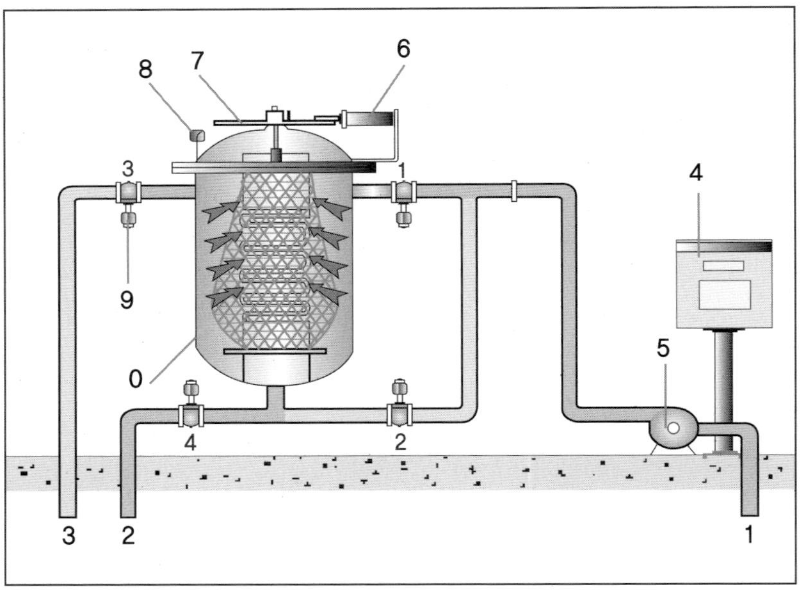

1) 여과조작의 특성

여과의 조작은 여과의 생성, 세척, 탈수, 방출 4과정의 조작으로 이루어진다.

이때의 각 단위 조작의 특성을 살펴보면 여괴의 생성조작에 있어서는 여과가 진행 될수록 여괴의 두께가 커지면서 저항 또한 커지므로 여과속도는 감소하는 특성을 나타낸다. 여괴의 세척과정에 있어서는 여괴중의 모액과 세척수와의 치환에 의해 세척이 이루어지는데 이때 모액과 세척 수는 서로 혼합되어 희석된 용액으로 방출된다. 여괴의 탈수 조작에 따른 세척 후의 여과는 다량의 세척수를 함유하고 있으므로 공기를 세게 통과시키거나 여괴를 압축하여 탈수한다. 마지막으로 여과액이 통과하고 남은 여괴의 방출은 장치의 일부를 분해한 후 재조립하여 다시 여과를 행하고 있다.

2) 여과기의 종류

여과는 여과매체의 양면에 압력차를 줌으로써 행하여지며 여과 압력을 적용하는 방법으로 분류하면, 상압여과기(atmospheric filter), 중력 여과기(gravity filter), 진공 여과기(vacuum filter), 가압 여과기(pressure filter), 압착 여과기(compression filter), 원심 여과기(centrifugal filter)가 있다. 따라서 여과를 통한 여괴의 양으로 분류하면 상압여과기(atmospheric filter), 중력 여과기(gravity filter)<진공 여과기(vacuum filter)<가압 여과기(pressure filter) <압착 여과기(compression filter)< 원심 여과기(centrifugal filter)순으로 케이크의 양으로 처리 기준을 삼기도 한다.

① 상압여과기(atmospheric filter)

여과저항이 비교적 적은 경우 주로 사용되며 여액이 중력에 의해 여재를 통과하여 여과를 행하는 여과기이다. 그 종류로는 자기(磁器)로 된 감압(減壓) 여과용으로 실험실용 깔때기를 들 수 있다. 다른 하나로는 부흐너깔때기로서(일명: Nutsche) 작은 구멍이 많이 뚫린 받침판이 중간에 있는데, 이 받침판에 맞는 거름종이를 한 장 넣고, 용매를 조금 부어 적신다. 받침판 끝과 거름종이 사이에 틈이 나지 않도록 손가락으로 잘 눌러서 밀착시킨 다음, 깔때기를 (부흐너플라스크) 위에 놓고 흡수 여과시킨다. 다량의 결정이나 침전을 단시간 내에 분리시킬 수 있으므로 화학실험에서 자주 쓰인다. 최근에는 내부가 보이지 않는 자기의 결점을 보완한 유리로 된 것도 나왔으며, 또 백금으로 만든 것도 사용된다.

② 진공여과기(vacuum filter)

여과 저항이 커서 중력만으로는 여과가 불충분할 때 여재의 한쪽을 감압하여 여과를 행하는 여과기이다.

③ 가압여과기(pressure filter)

1기압 이상의 여과압력이 필요한 경우로 압력을 적용한다. 좁은 장소에 많은 여과면을 설치하고 펌프를 사용하여 고압을 가해 큰 압력차로써 여과할 수 있도록 만든 여과기이다. 각종 여과기 중에서 가장 고전적인 형식의 것으로 보통 몇 장부터 수십 장의 거름판[濾板]과 여과테를 번갈아 늘어놓고, 그 사이에 거름천[濾布]을 끼운 다음 단단히 죄어 고정시킨다. 걸러야 할 액체를 여과테 속에 압입(壓入)하게 되면, 여과액은 거름천을 통과해서 거름판 쪽으로 흐르고 찌꺼기는 거름천에 쌓인다. 또 거름판과 여과테를 수평으로 포개서 늘어놓는 수평식의 것도 있다. 조작 압력은 4～10 kg/cm² 이다. 압력여과기의 여과판을 죄는 동력은 손죄기, 기어걸이 죄기, 유압식(油壓式)이 있다. 구조가 간단하고, 같은 여과기로 여러 가지 것을 거를 수가 있으며, 설치면적이 적어도 된다는 등의 이점이 있다. 그러나 이전에는 조작을 몇 번이고 나누어서 하기 때문에 연속조작을 하는 근대 공장에서는 경시되기 일쑤였으나, 최근에는 연속식 압력여과기의 개발이 각국에서 진행되어 실용화 단계에 접어들게 되었다. 안료(顔料), 염료(染料),제유(製油),양조공업 등에서 많이 사용된다.

그림 II-3. 소용량가압여과기.

④ 압착여과기 (compression filter)

액체를 고압으로 압출하는 것으로서 300～600기압의 압력이 적용된다.

a. 엽상여과기(leaf filter) ; 여괴의 세척이나 분리공정이 용이하고 신속하게 될 수 있도록 금속망에 여포를 씌워 놓은 엽을 여러개 수직으로 조립하여 사용하는 여과기로 핀틀 압여기를 다소 개량한 것이다.

b. Catridge filter ; 고량의 고체를 여과하는데 사용되며 지름 3~10inch의 얇은 원판을 수직축에 좁은 간격으로 부착한 것을 수직원통내부에 넣은 모양을 하고 있다. 슬러리를 도입하면 원판사이에 고체가 괴어서 걸리고 액체만이 흘러 나가게 되는데 원판을 회전시켜 고정되어 있는 빗 모양의 원판층에 의해 여과가 제거된다.

c. 연속회전여과기(continuous rotary filter) ; 여면을 회전시키면서 여료의 공급, 여액의 제거와 동시에 여괴의 생성, 세척, 탈수등의 공정이 연속적이며 자동적으로 이루어지는 여과기로 여면의 모양에 따라 원통형(drum)과 원판형(disk)의 2종류가 있으며 모두 진공에 의해 여과가 행해지는 여과기이다.

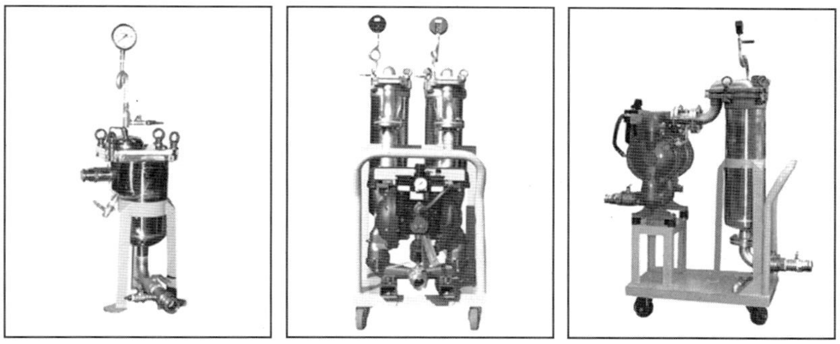

그림 II-4. 다양한 압착 여과기.

⑤ 원심여과기(centrifugal filter)

여재를 통해 액체를 분리하는데 원심력을 이용하는 여과기이다.

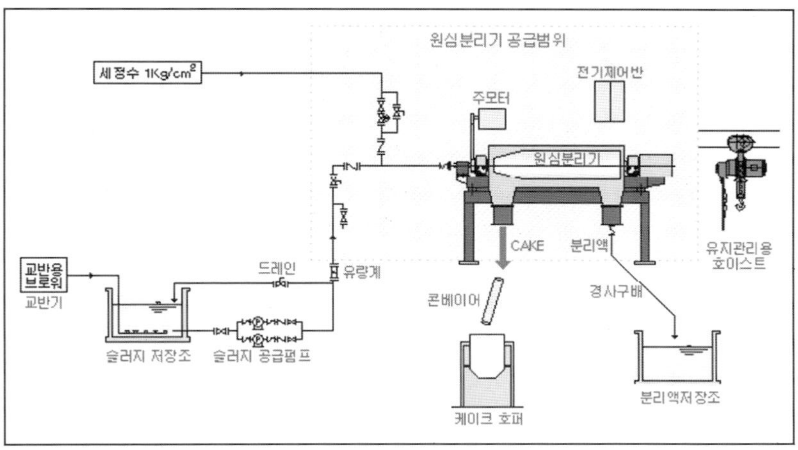

그림 II-5. 원심 분리조작의 흐름.

그림 II-6. 소용량 원심분리기.

산업현장 전반에 걸쳐 광범위하게 다양한 분리 목적에 부합 할 수 있는 원심분리기는 각종 혼탁액 중에 포함된 미세 고형물의 정제, 탈수, 농축, 분류, 세척 등의 공정에 필요하다.

a. 원리

원심분리기는 회전통(Bowl), 스크류 컨베이어(Screw conveyor), 기어박스, 회전부를 보호하는 케이싱, 회전통을 회전시키는 구동장치, 스크류 컨베이어의 회전수를 조절하는 차동장치, 전기제어반으로 구성되며 회전통은 고속 회전하며, 회전통내의 스크류 콘베어의 회전수는 기어박스 감속비에 의한 고정운전 또는 차동장치로 조절한다.

b. 구조

고속 회전하는 회전통(보울, Bowl)에 유입된 처리물에 원심력을 가하여 액체와 고형물의 비중차를 이용하여 고형물을 빠르게 침강시켜 회전통과 일정한 속도 차이를 유지하면서 회전하는 스크류 콘베어로 회전통 내면에 침강된 고형물을 고형물 배출구로 이송하여 원추형 경사부에서 탈수하여 배출하고, 상등액은 스크류 콘베어의 나선형 수로를 통하여 분리액 배출구로 배출된다.

c. 특징

광범위한 물성에 적용가능하며 처리능력이 빠르고 무인 연속 자동

운전이 가능한 특징을 가지고 있다.

d. 적용 공정

정제 - 액체에 고형물이 없도록 분리한다.
탈수 - 고형물에 액체가 없도록 탈수한다.
농축 - 고형물이 농도를 조절한다.
분류 - 고형물의 입자 크기별로 나눈다.
세척 - 고형물 내의 불순물을 세척하여 고형물의 순도를 높인다.

3) 여재

공업적으로 삼, 섬유, 또는 무명으로 짠 여포가 많이 사용되고 있다.

여재로서 요구되는 사항으로는
- 고체를 걸러내는 맑은 여액이 배출될 수 있어야 한다.
- 막히지 말아야 한다.
- 내화학성이며 물리적으로 강인해야 한다.
- 여과가 깨끗하고 완전히 제거될 수 있어야 한다.
- 값이 비싸지 않아야 한다.

■ 여재의 크기

여재의 크기는 깨끗한 물 통과시의 손실은 물론, 여과시의 마찰손실 생성에 영향을 준다. 너무 작은 여재가 사용되면, 여상의 마찰저항을 이겨내려고 많은 구동력이 소모될 것이며 반면에 너무 큰 여재가 사용되면, 유입수중의 작은 입자가 여상을 통해 많이 빠져나가게 된다.

4) 여과조제(filter aid)

슬러리의 입자가 가늘거나 또는 압축성이어서 여포가 잘 막히거나 또는 여과속도가 느릴 때 여과속도를 증가시키기 위해 사용되는 첨가제를 여과 조제 라하며 여과조제로는 규조토, 석면, 정제한 목재, 펄프, 기타 다공성 고체가 이용된다.

III. 막분리(Membrane seperation)기술

막분리는 물질의 순도를 높이기 위해서 증류, 추출, 흡수, 흡착, 재결정 등의 다양한 분리 공정이 이용되고 있다. 그러나 이러한 공정들은 다량의 에너지소비 및 공간 이용의 비효율성 등의 문제가 있으므로 최근 분리공정에서는 다양한 재질의 고분자 분리막을 이용한 에너지 절약형 분리공정의 중요성이 대두되고 있다. 현재 사용되어지는 고분자 분리막은 선택적인 분리능 및 효율성이 높은 물질투과 능력을 갖고 있어 화학, 환경, 의료, 생물 산업, 식품 산업등 산업적 수요가 날로 증대되고 있다.

1. 막 분리의 정의

막 분리는 여러 가지 형태와 재질의 막을 이용하여 용매와 용질을 분리하고 액상 중의 용질을 선택적으로 분할하는 방법이다. 막 분리는 특정 성분을 선택적으로 통과시킴으로써 혼합물을 분리시킬 수 있는 액체 혹은 고체 막으로 막의 물리화학적 성질에 의해 분리하고자 하는 물질과 농축 및 에너지 교환 속도가 결정된다. 이러한 막의 성질은 반투막을 통하여 분자 또는 이온을 투과시키거나 농도, 압력, 전위 및 온도차를 이용한다. 막 분리법은 화학공정산업 및 식품산업에서도 그 이용이 현재 보편화되고 있다. 식품과 관련된 응용예로서 물의 정화, 과일원액의 청징 및 농축, 유제품, 술, 폐수의 농축 및 정화 등을 들 수 있다. 분리 막은 제거되는 입자의 크기에 따라 투석법(Dialysis), 역삼투(RO;Reverse osmosis)법, 한외여과(UF; Ultrafilteration)법 및 정밀여과(MF; Microfilteration)법이 광범위 하게 사용된다.

표 III-1. 분리대상 입자, 분자, 이온의 크기

분리 및 여과 대상	사이즈(nm)
박테리아, 효모, 곰팡이	300 – 10000
콜로이드상 고형물질	100 – 1000
바이러스 입자	30 – 300
단백질, 다당류, 효소	2 – 10
항원, 유기산	0.4 – 1.2
무기이온	0.2 – 0.4
물	0.2

2. 막 분리의 종류

막 분리의 분류를 살펴보면 기능과 재질에 따른 분류를 할 수 있고 막을 기능에 따른 분류는 다음과 같다.

1) 투석 (Dialysis)

① 정의

분리 막을 통하여 농도 차에 의해 고 농도의 용질이 포함된 용액으로부터 낮은 용액으로 확산투과 시키는 방법과 이온 교환막을 교대로 설치하고 전류를 통하면 전위차에 의해 각 전하별로 선택 투과를 통해 여과하는 전기 투석법이 있다.
전기 투석은 용액내의 이온이 선택적 이동하는 원리를 이용하여 음이온 또는 양이온성분을 선택 분리하는 데 사용된다. 투석은 효소 정제, 탈염, 주스의 산도 조정, 바닷물로부터의 소금회수 등에 쓰인다.

② 이용분야

전기 투석법은 이온은 투과시켜 물의 투과를 배제하는 막을 사용하여 탈염과정에 널리 사용되어 왔으며, 바닷물로부터 식염을 얻거나, 유청이나 오렌지주스에서 염을 제거하는데 사용되고 있다.

2) 한외 여과막 (Ultrafiltration membrane)

① 정의

낮은 분자량을 가진 용질에서 높은 분자량을 가진 용질을 분리할 때 사용되어지는 방법으로 큰 용질분자를 선택적으로 투과시키지 않는 막을 한외여과막이라 한다.
한외여과는 역삼투과 비교하여 압력차에 의하여 용액중의 성분을 분리한다는 점에서는 유사하나 차이점으로는 분리 메카니즘이나 분리할 때 고려되는 성분의 분자량 및 사용 압력 등을 들 수 있다. 막의 특성을 살펴보면 역 삼투막 보다 더 큰 공경으로 구성되어 있기 때문에 여과에 필요한 압력은 역삼투법보다 작다.

② 원리

한외 여과막을 투과하는 속도는 다음과 같이 표현된다.

$$V_W = \frac{\Delta P K A}{t}$$

여기서

V_W : 분리속도

P : 압력 (Pa)

K : 막의 투과계수

A : 막 면적(m2)

t : 시간(s)

따라서 압력과 용질의 밀도 및 막면적에 비례하여 분리속도는 정해진다.

③ 이용분야

막의 공경에 따른 분자의 크기에 의해 선별 분리 여과하는 것으로 삼투압이 높지 않은 분자량 500 이상인 물질의 여과 분리에 사용되며, 우유나 혈액 단백질, 유청 단백질과 같이 분자량이 큰 고분자로 구성된 용액을 농축시키는데 주로 응용된다.

그림Ⅲ-1. 한외 여과 장치

3) 역삼투(Reverse osmosis; RO)막

① 정의

서로 다른 농도의 두 용액을 분리하는데 식품이나 동물의 생체막을 사용할 때 순수한 물은 막을 통과하고, 고농도의 용액으로부터 저농도의 용액으로 물이 이동하여 막 양쪽의 물의 농도는 같아지려고 하는 물의 이동을 흔히 삼투현상(osmosis)이라한다. 그 반대인 현상을 이용한 즉, 용매인 물은 투과하지만 용질은 투과시키지 않는 반투막(semipermeable membrane)을 사용하여 수분만을 투과시켜 용액 중의 거의 모든 용질을 농축시키는 방법이다. 역삼투법은 hyperfiltration이라 부르기도 한다.

② 원리

삼투압은 다음의 Van't Hoff 식으로 설명할 수 있다. 삼투압은 용액의 단위부피당 용해되어 있는 용질의 농도에 의하여 결정된다. 그 식은 다음과 같이 표시한다.

$$\pi = cRT \quad \text{혹은} \quad \pi = \frac{n}{V_m} RT$$

π : 삼투압(Pa)
c : 몰농도(kg mol/m3)
R : 기체상수(8,314 m3 Pa/kg mol · K)
T : 절대온도 (K)
n : 용질의 몰수(kg mol)
V_m : 용질 n몰을 포함된 용매의 부피(m3)

③ 이용분야

역삼투법은 분자량이 10～1000 정도인 작은 용질분자와 용매를 분리하는데 이용되며 외부에서 가한 압력을 이용하여 수용액 혼합물로부터 물을 제거하는데 이용된다. 그 대표적인 예로는 바닷물의 탈염(desalination)과 초순수제조 등이다.

4) 정밀 여과막(Microfilteration)

① 정의

정밀여과는 크기가 0.1～10 mm 정도인 콜로이드를 형성하는 용질을 분리할 수 있다. 정밀여과는 역 삼투나 한외여과를 시행하기 위한 사전 여과공정으로 이용되며, 특히 용액 내의 세균을 제거하는데 널

그림Ⅲ-2. 초순수 제조기

리 이용되고 있다. 정밀 여과의 특성으로는 공경이 막에 총 부피의 80% 정도를 차지하는 것이 적당하다고 알려져 있다.

② 원리

막 주변에 세균의 균체 또는 상대적으로 분자량이 큰 콜로이드 물질들이 퇴적하므로 한외여과에 비하여 겔층의 형성이 보다 뚜렷하게 발생한다. 따라서 겔층이 형성되었을 경우, 다음 식에서 막에 의한 저항을 무시할 수 있다.

$$J_V = \frac{\Delta P}{(1/Ks+Rg)}$$

1/ks : 막의 저항
Rg : 겔층의 저항
Jv : 용액의 막 투과 플럭스 (m3/m2 · s)
P : 가해준 압력(Pa)

③ 이용분야

정밀여과법은 생물산업에서는 배지의 여과나 효소액의 살균등에 이용되고 있으며, 식품공업에서는 맥주나 와인의 저온살균, 제약공업에서는 주사액의 멸균 등에 성공적으로 응용되고 있다.

3. 막 분리 적용시 공정에 있어서의 장 · 단점

막 분리는 그 공정상의 특징, 적용막의 재질적 특징과 투자비, 막의 수명, 막의 오염, 농도분극 등의 문제점을 이해하여 적용분야와 운행조건 등을 설정하여 실용성과 경제성을 염두하는 것이 가장 중요하다.
막 분리법이 주목을 받고 있는 이유는 다음과 같은 장점이 있기 때문이다.

① 분리과정에서 분리 상의 변화가 없고 상온 가동이 가능함으로서 절감 에너지를 볼 수 있다.

② 농축 및 여과장치(가열, 진공, 응축, 원심분리 등)가 필요 없으며, 단기 가압과 용액의 순환만으로 운행되기 때문에 간편하고 장치 조작이 간단하다.

③ 기본적으로 비가열성을 띄고 있기 때문에 열에 민감한 물질의 열변성 또는 영양분 및 향기성분의 손실을 최소화 시킬 수 있다.

④ 화학약품의 사용을 최소화 할 수 있기 때문에 환경오염을 막을 수 있다.

⑤ 자동운전이 가능하기 때문에 인건비가 절약된다.

⑥ 막 분리 조작에 있어 대량의 냉각수가 필요 없고 분획과 정제, 농축을 동시에 행할 수 있다.

이와 같은 막 분리법은 액체 식품의 농축에 가장 적합하나 이 방법으로는 건조제품을 얻을 수 있을 정도로는 농축 할 수 없으므로 진공증발 또는 분무건도 등의 기술을 병용하여야 한다. 한편, 막분리를 공정의 적용에 있어 다른 농축장비보다 설치비가 비교적 많이 들고 최대 농축한계인 약 30% 고형분 이상의 농축이 어려운 반면 막의 오염 형성으로 막을 세척하는 동안 운행이 중지되는 단점을 가지기도 한다.

표 Ⅲ-2. 막 분리의 종류와 적용분야

막 종류	적용분야	추진력	여과액/농축액
역삼투	-해수 염분리 -유기물 분리 -폐용수처리	압력 (10~70Kg/cm²)	물/콜로이드성 용해물질
한외여과	-유기물 분리	압력 (10~70Kg/cm²)	물, 염류, 저분자유기물/현탁 물질, 콜로이드, 고분자 유기물 등
기체분리	-기체(수소)분리 -천연가스 분리	압력 농도차(1~150atm)	H_2O, H_2, He, H_2S, CO_2, O_2 등/ N_2,탄화수소, CO 등
	-수소분리	수소분압 양자와전자의확산	수소이온/수소 이외의 기체
액막	-유기용매 분리	농도 용해농도차	Phenol등 용해도가 높은 물질/Toluene
정밀여과	-용액 부유물분리	압력 (0.1~2Kg/cm²)	물, 용제, 콜로이드/부유물
	-공기중의 분진분리	압력 (0.005~0.2Kg/cm²)	기체/분진(미립자, 미생물 등)

4. 막 분리 장치

막의 형상에 따라 분리장치는 관형(tubular), 중공사형(hollow fiber), 평판형(plate-and-frame), 평판형(plate-and-frame) 및 나선형(spiral-wound)이 있으며 그 특징은 다음과 같다.

표 Ⅲ-3. 막 모듈의 특징

유형	막면적/체적	막종류	저항계수
평판형	저	UF, RO, MF, PV	저
중공사형	최고	UF, RO, GS, MF	고
나선형	고	RO, UF, PV	중
관형	저	UF, RO, NF	저
카트리지형	중	MF, UF	고
원판형	저	UF, RO, MF	최저

1) 관형(tubular type)

식품공업 현장 적용에 있어서 가장 간단하고 견고한 구조적 특징을 가지고 있으며, 세척이 용이하여 위생 조업을 할 수 있는 특징이 있다.

① 셀룰로오즈 형

단단한 다공성관형 셀룰로오즈 지지층의 안쪽에 분리막이 코팅되어 있고, 막과 셀룰로오스 지지층은 스테인레스강 튜브내에 설치되어 있다. 또 다공관 내면에 막을 부착한 것을 내압형, 외면에 부착한 것을 외압형이라고 한다. 원료액을 압력을 주어 관내로 공급하면 막을 통과한 투과액을 다공성 셀룰로오스 지지층을 통과하여 튜브의 구멍을 통하여 수집된다. 막을 교환하고자 할 때는 셀룰로오스 지지층과 막을 함께 교환한다.

② 세라믹 형

고온에서 성형 건조한 원통형의 세라믹형상물로 제조 된 형태로서 높은 압력과 세척공정에 탁월한 성능을 나타내기도 한다.

③ 특징

관형은 높은 속도로 시료가 주입되므로 농도분극과 막의 오염에 의한 분리저해를 최소화 할 수 있으며, 막의 세척 및 교환이 용이하다. 또한 유로(flow path)가 확보되어 있어 불용성 물질을 포함한 용액의 분리에 이용할 수 있다. 한편, 막면적을 확장 시킬 수 있는 한계가 있어 분리 용량을 늘리기 위해서는 모듈의 수를 늘려야 하기 때문에 설치용적이 커지며, 시료주입속도가 빨라야 하기 때문에 여과량당 에너지 소비가 높아 공정 운영비용이 많이 든다.

2) 중공사형(hollow fiber type)

중공사형은 비 셀룰로오스계열 소재(폴리 슬폰 재질:미국 Amicon사)를 원료로 비대칭구조의 중공사막을 접속시켜 실용화되었다. 중공사막의 크기는 내경 0.5~1.5 mm 정도가 보통이며, 중공사막 다발의 양쪽 끝부분을 에폭시(epoxy)로 접착하기 때문에 다른 분리 막과는 달리 막 지지체가 없는 것이 특징이다. 단위부피당 막 면적이 넓어 저점도의 분리액이나 슬러지 형성이 적은 물질의 분리에 좋은 성능을 나타낸다. 현재는 셀룰로오즈 계열의 중공사도 개발 되어 현장에 적용하고 있다.

3) 평판형(plate-and-frame type)

평판형은 필터프레스의 기초개념에서 만들어 진 것으로 막과 지지체를 샌드위치 형태로 절층시킨 모듈이다. 분리 시에는 기계의 공급구에서 원액이 주입되면 다단의 모듈을 통과하여 농축이 이루어지며 투과 액은 막지지판의 만들어진 채널을 통해 외부로 유출된다. 이 방식은 단위 부피당 막 면적이 크므로 작은 공간에 설치하기 용이하며, 막의 보수 및 교환이 쉽다. 또한 유로가 확보되어 있어 불용성 물질의 분리도 가능하나 관형에 비하여 농도분극의 조절이 어렵기 때문에 수시로 막 세척하거나 교환해 주어야 한다.

4) 나선형(spiral-wound type)

2장의 평막 사이에 액 흐름이 가능한 지지체를 놓고 막의 외면에는 그물형태의 스페이서(spacer)를 적층시킨 수 롤 케이크(roll cake) 형태로 말아서 만든 모양이다. 이와 같은 형태는 모양당 막 면적이 넓고 투과속도도 크며 장치가 조밀하다. 또한 스페이서가 난류 촉진을 하는 기능을 가지고 있어 막 표면에서의 농도 분극현상을 억제할 수 있다. 그러나 불용성 물질의 존재 하에서는 처리가 어렵고, 막의 교환비용이 비싸다는 단점이 있다.

5. 막 분리의 식품에서의 이용

막 분리는 매우 효율적인 분리 농축 방법으로서 현재 식품산업에서 광범위하게 사용되고 있다. 식품산업에서 사용되는 막 분리의 대표적인 응용분야는 다음과 같다.

표 Ⅲ-3. 막 모듈의 특징

분리 방법	응용 분야
역 삼 투	• 각종 주스 및 당액, 커피 추출액의 농축 • 주스의 농축에 의한 발효주의 제조 • 저 알코올 맥주의 제조, 유청의 정제 • 단당류 정제, 치즈 whey로부터 락토오스 회수 • 어육 중의 아미노산 회수, 어육류 엑기스의 탈염 • 염수의 탈염, 폐수 및 용수처리
한외여과	• 치즈 whey로부터 단백질의 회수정제 • 우유농축에 의한 고단백유의 제조 • 어육단백질의 회수 • 가축의 혈액으로부터 적혈구의 분리 • 혈액 중의 Albumin과 Globulin의 농축정제 • 주스의 청정, 감귤, 사과 펙틴액의 농축 • 대두즙 및 전분공업 폐수로부터 유용 단백질의 회수 • 천연 색소 및 효소의 회수 및 정제 • 난백의 농축, 계란 단백질의 농축 • 막 발효법에 의한 발효 • 다당류의 농축 및 정제 젤라틴의 농축 및 정제 • 콜로이드 물질 제거를 위한 용수의 전처리
정밀여과	• 맥주, 청주, 와인, 탄산음료, 당액 등의 효모, 곰팡이 세균 제거 • 먼지 등 정밀 슬러지의 제거

IV. 농축기술

1. 농축의 정의

농축이란 허브류 원료로부터 추출한 유효성분이 함유된 용액을 어떤 시설을 이용. 함유수분만을 증발시키고 고농도의 용액으로 잔존시키는 작업으로써 실제 산업계에서는 기능성분의 효율적 관리 및 기능향상을 위해 다양하게 활용되고 있다.

용액속의 용매를 없애거나 줄여 용질의 농도를 높이는 조작이다. 용액농축방법에는 여러 가지가 있으며 제일 많이 쓰는 것은 가열하여 용매를 증기로 날리는 방법이다. 이밖에도 감압하여 농축하는 방법, 동결농축하는 방법, 바람 또는 기체 주입식 농축방법, 분무식 농축방법 등이 있다. 용질보다 용매의 증기압이 클 때에는 용액을 가열하여 용매만을 기체상으로 변화시켜 줄일 수 있다. 감압하면 가열농축방법을 적용할 때 가열온도를 낮출 수 있고 농축속도를 높일 수 있다. 어떤 용액은 동결하면 용매가 먼저 고체상으로 갈라져 나오는데 이것을 여과하여 농축한다. 이 방법은 열에 견디지 못하는 용질을 가진 용액을 농축하는 좋은 방법이다. 바람 또는 기체를 불어 넣으면서 농축하는 방법은 방온도 또는 높은 온도에서 기체와 액체사이면에서 기체상을 없애는 농 방법이다. 이 방법은 주로 식료공업(례: 우유가공)에서 중요하게 쓰인다.

2. 농축의 분류

1) 진공농축

열에 영향을 받기 쉬운 물질이나, 공기중에서 분해하거나 반응하거나 하는 물질을 농축하기 위해서는 진공을 사용하여야 한다. 예를 들면 천연 과즙의 농축에 있어서 신선한 향기를 유지하거나, 색상변화가 없게 하고 비타민 C의 파괴가 있으면 안 되는 경우, 최대한 저온처리를 위해 진공농축을 한다. 효소를 농축하는 경우, 활성도를 유지하기 위해서도 진공농축을 한다.

이러한 목적이 진공하에서는 물질의 비점이 낮아짐으로 열원 공급이 쉬워서 이용하기도 하고 특히 열에 불안정한 물질을 취급할 때, 가장 많이 사용된다.

① 농축기 형태

농축기에서 가장 중요한 부분은 가열기로 가열방식에 따라 형태가 달라진다. 사용 목적으로 당연히 열분해 지수가 적고 효율이 좋은 것이 요구된다.

② 진공 농축장치의 적용

- 식품관계 : 과즙, 육즙, 당액등
- 학공업관계 : 전해액, 글리세린, 해수의 담수화, 냉수제조

2) 강제박막식 농축

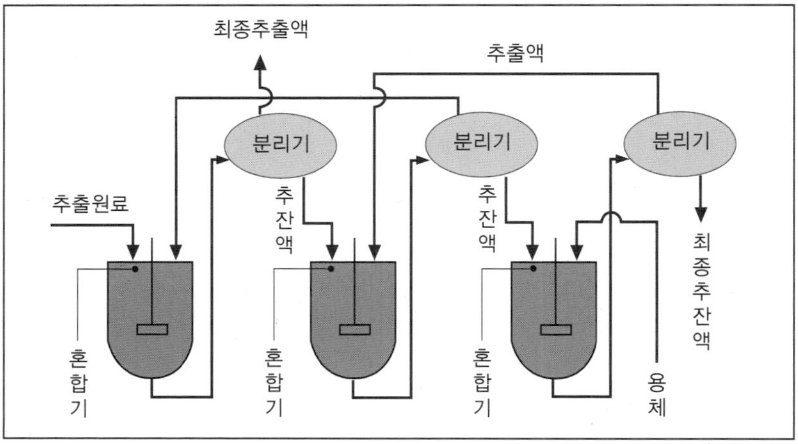

3. 농축방법

이 자료에서는 진공가열식 농축방법에 대해 기술하고자 한다.

1) 농축 T/K의 작업

① 농축 T/K로 이송된 허브 추출액은 제품이 요구하는 spec에 따라 농축 농도가 정해져 있으며 작업공정의 기준에 의해 진행된다.

② 우선 농축의 특성은 감압작업으로 진공도의 범위에 따라 농축농도, 시간, 품질이 많은 차이를 나타낸다.

③ 진공도는 1기압 760㎜Hg/㎠에서 감압을 시작하여 10~50㎜Hg/㎠ 정도에서 작업이 진행되며 진공도에 따라 boiling point가 낮아지므로 일반적 제품에서는 60℃ 기준에서 작업이 이루어진다.

④ 농축작업시간은 T/K 용량 진공도(용량), 허브추출액의 물성 등에 따라 차이는 있으나 일반적으로 6±2 hrs에서 결정된다.

⑤ 농축작업 중, T/K 확인창을 통해 추출액의 boiling 상태를 수시로 확인한다. 진공도를 조절하면서 추출액의 boiling 현상이 종료되면 농축작업이 거의 마무리 단계에 도달한 현상으로 인식하여야 하며 적절한 Ending point를 결정하여야한다.

⑥ 농축작업이 종료되면 T/K에서 농축액을 빼내어 별도용기 혹은 gear pump를 이용하여 제품의 특성에 맞게 용기 혹은 파우치 충전을 시행한다.

2) 농축의 순서

계획된 제품의 추출공정이 완료된 용액은 Service T/K에서 무균작업으로 농축 T/K에 이송한다. 이때 Clear type 농축엑기스를 얻기 위해서 2차 filtration 공정이 요구된다. filtration 공정은 어떤 카트리지 filter를 사용하느냐에 따라 청정도가 결정되는데 일반적인 clear type은 0.1㎛ 이하 카트리지 filter를 사용하고 filter 연결방식은 직렬로 구성하여야하며 basket 수에 따라 청정도는 더욱 높아진다.

3) 농축설비조작의 주의점

① 진공작업으로 인한 boiling point 하강은 T/K내 끓음(bumping) 현상이 일어나게 되므로 jacket내부의 온수 순환 system에 의한 온도제어를 필요로한다. 만약, live steam에 의해 jacket을 순환시킬경우 진공상태에서 boiling point가 낮으므로 T/K 내 벽면 탄화현상이 쉽게 발생된다. 따라서 간접 열 순환방식을 채택한 온수순환 jacket이 가장 적절하다.

② 진공작업에 의한 수증기 회수는 진공 pump에도 열 부하가 예상되므로 냉각수 순환 system을 첨부하여 지속적인 냉각 순환방식으로 작업하여야 한다.

③ 진공작업은 T/K의 내구성을 요구한다.

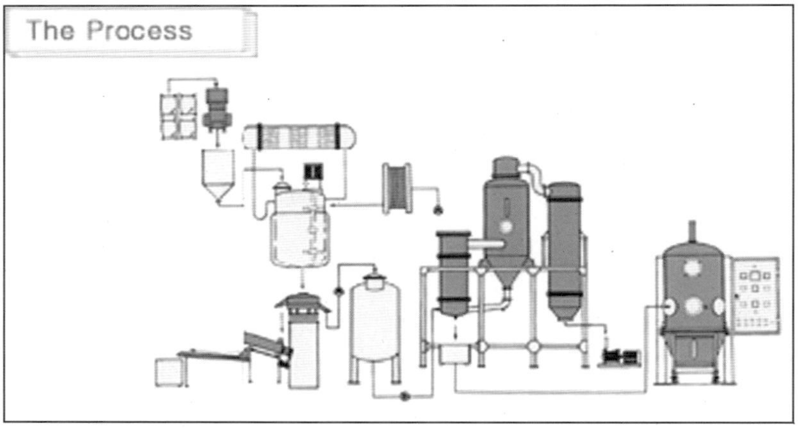

3) 농축의 특징

1. 원료의 본질 요소의 변화 없이 추출의 높은 효율성과 에너지 절약을 가능케 한다.
2. 원료 충전, 추출부터 마감까지 모든 공정은 자동이며 컴퓨터화 되어 있다. 작동과 세정은 매우 간편하며 모든 디자인과 기능은 G.M.P.의 요구사항과 일치한다.

4) 적용

1. 한약재의 추출과 농축 (싱글유닛 또는 멀티유닛)
2. 차, 허브티, 커피 그리고 건강식품의 추출과 농축
3. Meat, sea-food 추출, 분리 그리고 농축
4. 허브 와인 등

V. 제분(분쇄) 기술

1. 제분의 정의

제분이란 압축, 전단, 충격, 마찰 등의 기계적 힘을 이용하여 허브 고체 원료를 파쇄 혹은 분쇄하는 장치로서 대단위 제분회사에서의 작업이 제분의 기준이 되나 여기서는 한약재 고체 원료의 제분-분쇄 공정에 대해 서술한다.

2. 식품 분쇄의 원리

분쇄는 단지 식품의 물리적 형태를 바꾸는 것에 불과하지만, 분쇄되어 생긴 가루 제품은 그 이용 가치가 높아진다. 예를 들면, 밀은 자체로는 직접 이용하기가 어려우나 일단 밀가루로 만들면 빵이나 과자 등의 가공 원료로 사용할 수 있어서 그 이용도가 높아진다.

또 가루 제품은 분쇄하기 전보다 표면적이 커질 뿐만 아니라 조직 세포의 파괴로 세포 속에 있는 성분이 노출된다. 따라서 건조, 추출, 용해와 같은 반응을 촉진하는 효과를 얻을 수 있으며, 식품의 독특한 물성을 가지게 할 수 있다. 그리고 가공 식품을 만들기 위하여 각종 원료를 배합할 때에 가루 형태로 하면 비교적 균일한 혼합 제품을 얻을 수 있게 되는 장점이 있다.

식품은 원료에 따라서 물성의 차이가 크기 때문에 분쇄성도 식품마다 다르다. 분쇄성은 조직이 단단하다든지 또는 유연한 것으로 분별할 수는 없다. 설탕이나 소금은 단단한 결정이지만 쉽게 분쇄할 수 있는 반면에 식품조직은 유연하나 분쇄성이 낮다. 또, 식품 조직의 구성 성분 중에서 섬유질, 녹말, 단백질, 수분 등의 함유량이 분쇄성에 영향을 끼친다.

식품을 분쇄할 때에 힘을 가하면 가장 결합력이 약한 부분부터 부서지게 된다. 이런 부분을 약선이라고 하며, 이것은 식품 조직의 결합이 균일하지 않기 때문이다. 분쇄 초기에는 주로 이 약선을 따라서 부서지므로 작은 힘으로도 분쇄되지만, 입자의 크기가 작아질수록 약선이 점점 없어지게 되므로 식품을 미세하게 분쇄할수록 더 많은 동력을 필요로 한다.

3. 분쇄기의 종류

1) Mill 방식

모든 건조물을 미분상태로 분쇄하며 일반 Roll과 Atomizer type이 있으며 50㎛ 이하 제분도 가능하며 최근 GMP에 적합한 STS 제철 제품 등 다양한 제품 공급이 이루어지고 있다.

① Hammer Mill

: 충격형 분쇄기로서 여러 개의 Hammer가 부착된 회전자(Rotor)와 분쇄실 밑에 있는 반원형의 체로 구성되어 있다.

② Disc Mill

: 전단형 분쇄기로서 맷돌과 같은 원판형 끼리 맞대어 서로 반대 방향으로 회전시키는 방법

③ Cutter Mill

: 절단분쇄 방식으로 분쇄시 미분보다 입상상태를 가지며 제품의 특성에 따른 조성이 어렵다.

④ Ball Mill

: 제분된 분말 원료의 최종 균일성 및 미분 제조를 위해 사용되며 일정 규격의 특수 T/K 속에 ball을 넣어 거친 제분 원료와 함께 ball의 충격에 의한 분쇄 장치이다. 이때 사용되는 ball 구성분은 주철, 플린트석, 천연석 등 여러 가지가 있으며 T/K 내부는 특수강 혹은 니켈판으로 내장한다.

2) Pin crucher 방식

여러 가지가 혼합된 허브건조물 분쇄에 적합하며 청소가 용이하여 한약재 제분에 많이 사용되며 Pin의 마찰 충격에 의한 분쇄 후 Mesh 통과한 미분만으로 사용이 가능하다.

4. 분쇄시 유의 사항

허브원료를 분쇄할 때에는 그 특수성을 감안해서 다음과 같은 사항에 유의하여야 한다.

1) 분쇄시 발생하는 열에 의해서 용융하여 분쇄기에 고착하기 쉽다.

2) 발생하는 열과 공기(산소)와의 접촉에 의하여 안정성이 나빠진다.

3) 부착응집성이 높다.

4) 섬유상 물질에서는 힘이 가해지는 방향에 따라서 기계적 강도가 달라진다.

5) 요구되는 입자경, 특히 상한(上限) 입자경에 제한이 많다.

6) 소량 다종생산이다

5. 공정 순서도

원료입고

⇦ 검　수: 각 허브원료 특성에 따른 검수기준표 적용
사용도구: 피펫, 지퍼백, 1회용장갑, 마이크로스코프, 저울 등

전처리

⇦ 세척 & 건조 & 선별

원료보관

⇦ 보관 조건관리
⇦ 온도 & 습도 & Class 조건

원료칭량

절단 & 분쇄

분쇄 후 대기

혼합

연합

원료입고 – 검수

1) 원료입고

구입된 원료는 원료 대기소로 이동전 외부 포장의 이물질을 공기로 제거한 후 원료 검사 기준서에 의한 이상 유무를 확인 점검한다. 이 때 이상 없다고 판단된 원료는 원료 대기소에 입고시킨다.

■ 1차 가공원료의 확인 사항

- 제조일자(유통기한)
- 포장단위(중량 & 용량) 및 포장제철
- 식품유형 및 주의사항
- 원산지 표시
- 성분 조성표(필요에 따라 영양정보 포함)
- 사용설명서
- 보관조건(냉동 / 냉장 / 실온 / 상온)

2) 검수

시료의 용기(포대 혹은 Can, 드럼, 박스 등)를 해체하기 전 외부 오염 방지를 위해 청결지역으로 이동 후 실행하거나 주변 소독을 위해 에틸알코올 75%를 골고루 분사하여 실행한다. 포장재의 특성에 따라 칼, 가위 혹은 위생장갑을 착용한 손으로 해체 후 원료별 기능에 따른 용기, 지퍼팩 등을 사용하여 시료를 위생적으로 채취, 투입한 후 마지막으로 알콜 spray 등 위생 처리하여 포장원료의 해체 부분을 깨끗이 한 후 재 밀봉 처리한다.(보관 중 2차 오염 방지)

검수 결과 확인 되지 않은 원료는 별도 구획 장소에 보관하고 확인 후, 정상 제품과 불량제품은 원료 관리 기준서에 의해 구분 관리하여야 한다.

전처리

1) 원료대기소에 보관 중인 원료를 전처리실로 이동한다. 모든 허브류는 세척을 통해 이물질 등을 제거하고 재 건조시킨다. 재건조가 완료되면 원료보관소로 이동하기 전 Metal detector로 금속 선별한다.

원료보관

1) 건조 완료된 허브류 원료는 필요에 따라 규격적합 실험을 검수 기준서에 의해 실시하고 검사진행 라벨을 부착 별도관리 한다.

2) 원료창고 조건은 GMP 기준에 의거 관리하여야 한다.

실내온도 : 22±3℃
습　도 : 53±5%
공기흐름 : 차압(-)
청 정 도 : 10만 이하

원료칭량

식품 산업에서는 recipe에 의한 정확한 계근이 완제품의 완성도를 높이는 한 방법으로써 매우 중요한 공정이며 GMP 기준에 의거 시행한다.

- 일반적으로 가공원료는 주원료와 부원료를 구분하여 계근하여야 하며 계근에 필요한 용기는 계근 중량, 용량에 따른 규격별로 비치하여 위생적으로 관리한다.

- 원료계근 중 오염을 예방하기 위해 기본적으로 별도의 구획된 공간에서 공조를 작동시켜 관리하여야 하며 계근 전담요원을 배치 측정 오차발생을 없애도록 한다.

- 주요 Check Point
  - 가공분말원료 : 계근중 발생되는 분진 제거를 위해 국소 배기설비가 요구되며 계근을 위한 사용도구는 필요에 따라 자체 개발된 지그 등을 사용 관리하는 것이 효율적 정량 계근 관리하에 작업이 진행될 수 있다.

  - 액상원료 : 계근 중 발생될 수 있는 액상유출의 사후 위생관리가 용이하도록 STS 재질의 작업대를 사용하여 관리하여야 하며 사용도구는 효율적 정량계근 관리하에 작업이 진행될 수 있다.

• 허브류(한약재) : 모든 약초는 자연 상태에서 건조 보관되었으므로 필히 세척 재건조 과정을 거친 후 사용하여야 하며 건조 후 함수율은 3%이하 관리되어야 곰팡이 등 원료의 2차 오염을 줄일 수 있다.

■ 칭량 시 주요점검 사항
- 원료보관상태
- 소분기구, 용기 청결상태
- 저울 보정 관리상태(점검 기록서 등)
- 집진기 가동
- 허브원료의 합격 여부 판정 라벨 확인

절단 & 분쇄

1) 분쇄 공정실에서 절단 · 분쇄에 앞서 사전에 점검해야 할 사항은 다음과 같다.
① 분쇄실 청소 청결상태
② 공조작동에 부하 상태(음압 -)
③ 분쇄기 청소 및 집진기 작동여부 점검
④ 작업전 복장(머리망, 원피스, 마스크 등)
⑤ 분쇄 기록서 등 check sheet 작성

2) 절단
정상입고된 허브원료의 크기 확인. 필요에 따라 약 8㎜ 정도크기로 절단하며 분쇄기 부하도를 사전에 축소시킨다.

3) 분쇄
① 절단된 허브원료는 pin crucher에서 일정크기로 분쇄한다. 이때 사용되는 punching mesh 규격을 기계적 부하 및 원료 품질에 따라 2~4회 점차적으로 미세 분쇄한다.

■ 분쇄기 punching mesh 관리 기준>
- 1차 분쇄 : 80~100 목(目)
- 2차 분쇄 : 200~300 목(目)
- 3차 분쇄 : 500 목(目) 이상

② 분쇄된 상태를 recipe 규격접합여부를 확인하고 공정관리 기록서를 작성하고 품질관리실에서는 분말 입도검사를 실시한다.

③ 정상 분쇄된 허브원료는 별도 보관용기에 투입한 후 대기실에서 대기한다.

분쇄 후 대기

분쇄 후 혼합 전 원료는 청결구역 내 대기실에서 대기하며 이때 작업장의 조건으로는 온도, 습도, 공조관리를 필히 수행하여야 한다.

VI. 혼합 기술

1. 식품 혼합의 원리

혼합이란, 한 성분을 다른 성분과 고루 섞어서 분산시키는 조작을 말한다. 작은 입자의 원료가 다른 성분 안에 골고루 섞여 있을 때 이것들은 단일계로 구성되어 있다고 할 수 있으며, 이 상태가 되면 혼합이 완료되었다고 할 수 있다.

그러나 실제로는 완전한 혼합이란 거의 불가능하다. 그러므로 일정한 양의 시료를 통계적으로 무작위 채취하였을 경우 각 성분이 같은 비율로 분포되었을 때에 가장 바람직한 혼합 상태라고 할 수 있다.

식품 가공에서 혼합 조작은 단순한 성분들 간의 혼합을 목적으로 하는 경우와 식품 제조 공정의 한 보조수단으로 사용되는 경우가 있다. 여기에는 다음과 같은 여러 가지 이점이 있다.

분말주스를 만들 때처럼 주스 성분, 설탕, 색소 등 여러 가지 서로 다른 물질들이 고루 섞이게 함으로써 균일한 가공 제품을 만들 수 있고, 마요네즈와 같이 여러 가지 물질을 섞어 새로운 물리적 성질이 생기게 할 수도 있다. 빵을 만들 때에 밀가루에 효모 설탕, 소금 등을 섞으면 성분 배합이 잘 되어 화학 반응을 촉진시키며, 그 결과 빵의 독특한 막이 생기게 된다.

혼합의 정도는 섞어진 혼합 제품을 소량 채취하여 측정한다. 채취한 시료의 양이 너무 많으면 전체 혼합물에 가깝게 된다. 그 반면에 아주 적은 양의 시료를 채취하면 어느 한 성분의 단일 상태가 되거나 어느 한 성분이 더 혼합되어 있는 상태가 되므로 전체를 대표할 수는 없다. 따라서 채취한 시료의 양에 따라 결과가 달라질 수도 있다는 점에 유의하면서 혼합 정도를 측정할 때에는 시료의 양을 적절하게 하여야 된다.

혼합이 완료되었을 때의 총 혼합물의 평균 조성과 시료 조성의 편차를 구함으로써 혼합 공정의 정도를 나타낼 수 있다. 이 때, 일반적으로 표준 편차법(standard deviation)을 이용한다.

크기나 밀도가 아주 다른 입자들의 혼합은 특별히 주의해야 한다. 왜냐 하면, 혼합기 안에서 중력에 의해 크기나 밀도가 같은 것끼리 한 곳으로 모이려는 경향이 있기 때문이다. 이 경우, 처음에는 혼합이 안 된

상태였다가 시간이 경과함에 따라 차차 혼합이 되므로 시간이 큰 몫을 차지한다.

혼합되는 두 가지 성분이 비슷한 비율로 분포되어 있다면 혼합 공정은 훨씬 간단하다. 그러나 어느 한 성분이 많고 다른 성분이 아주 적을 때에는 여러 단계의 혼합 공정을 거쳐야만 한다. 예를 들면, 1t의 분말 인스턴트식품 속에 10g 정도의 비타민 분말을 혼합하려고 할 경우, 한 번에 이들을 혼합하는 것은 불가능하다. 따라서 4단계 정도의 혼합 조작을 거쳐서 한다. 각 단계에서의 섞는 비율을 10～30 : 1 정도로 하여 될 수 있는 대로 두 성분의 비율이 큰 차이가 나지 않도록 해야 하며, 각 단계마다 혼합도를 알기 위해서 시료를 채취하여 분석해 보는 것이 바람직하다.

2. 혼합도에 미치는 요인

혼합은 고형제에 있어서 균질성을 확보하는데 있어서 중요한 단위조작으로서 물성이 다른 고체분말 또는 입자를 혼합할 때에는 충분한 검토와 validation을 필요로 한다. 혼합은 혼합시간을 길게 한다고 해서 혼합도(degree of mixing)가 좋아지는 것이 아니며 성분입자의 형태, 입자경, 표면상태, 겉보기밀도, 유동성, 부착성 등의 물리적 성질과 혼합비율, 그리고 혼합기의 종류와 크기, 회전속도, 회전수, 대전성 등에 따라 혼합상태가 달라진다는 점에 유의해야한다.

V형 혼합기에 있어서의 혼합특성을 나타내면 다음과 같다.

(1) 분체의 혼합은 혼합기의 종류에 따라 확산혼합, 대류혼합 또는 전단혼합의 과정을 거치며, 혼합속도는 대류혼합의 경우가 가장 빠르다.

(2) 성분입자의 물성이 같은 경우에는 구상, 입상 또는 원주상 등의 입자형태에 관계없이 회전수의 증가에 따라 동일한 혼합상태를 나타낸다.

(3) 입자경이 다를 때에는 일단 최대 혼합도에 도달했다가 분리되는데, 구상과 입상이 원주상보다 많이 분리된다.

(4) 두 성분입자의 입자경이 같으면 확산형의 혼합도 곡선을 그리며, 입자경의 차가 클수록 혼합도가 나쁘고 서로 분리되는 경향이 크다.

(5) 입자경이 다른 경우, 최종 혼합도는 입자경의 2승에 비례하고, 입자경의 차가 클수록 혼합도가 나쁘고 서로 분리되는 경향이 크다.

(6) 입자경이 다른 성분입자를 혼합할 때 혼합비율이 달라지면 어떤 일정한 회전 수 이후에는 분리가 일어나는데, 큰 입자의 혼합비가 약 30%일 때 혼합도가 좋다.

(7) 일반적으로 혼합기의 종류나 분체의 물성에 관계없이 혼합기 용량의 약 30%를 장입할 때 혼합도가 좋다.

(8) Bedding 법으로 장입하는 경우, 성분입자의 물성이 같을 때에는 장입순서에 무관하게 회전수에 따라 혼합도가 증가하나, 입자경이 다를 때에는 입자경이 큰 입자를 먼저 장입하는 것이 혼합도가 좋다.

(9) 혼합기의 최적 혼합속도는 혼합기의 크기에 따라 다르다. 작은 것은 큰 것에 비해서 회전속도가 빠른 편이 좋다.

(10) 분체를 혼합할 때, 입자 상호간 또는 분체와 용기나 기기와의 사이에 정전기가 발생하여 혼합을 방해하는 경우가 있다.

3. 식품 혼합의 종류

식품의 혼합에는 고체와 고체, 고체와 액체, 액체와 액체, 기체와 액체의 혼합 등을 들 수 있다. 고체와 고체의 혼합(텀블러, 리본, 스크루 혼합기)은 기계적으로 뒤집어 주면서 혼합하는 방식으로 비교적 간단한 장치를 사용한다. 고체와 액체를 혼합(팬 믹서, 반죽기)하는 방법은, 소량의 고체와 다량의 액체를 혼합하는 것으로 교반 조작에 해당하는 것과 다량의 고체와 소량의 액체를 혼합하는 것으로 반죽 조작에 해당하는 것의 두 가지 종류로 나눌 수 있다.

액체와 액체의 혼합(교반)은 액체를 담을 수 있는 용기 속에 이들을 넣고 임펠러(impeller)라는 교반 장치를 사용하여 액체를 저어 주면서 혼합하는 것이다. 기체와 액체의 혼합은 기체와 액체를 서로 잘 접촉시켜야 되는데, 접촉 면적을 될 수 있는 대로 넓게 하는 것이 좋다. 이 때, 기체는 주로 공기인 경우가 많으므로 흔히 통기 조작이라고도 한다.

혼합과 유형이 비슷한 단위 조작으로는 다음과 같은 특징이 있다.

⦿ 혼합(mixing)

: 입자나 분말 형태의 혼합을 뜻하나, 모든 형태의 혼합을 말한다.

⦿ 교반(agitation)

: 액체-액체 혼합을 말하며, 저 점도의 액체들을 혼합하거나, 소량의 고형물을 용해 또는 균일하게 하는 조작이다.

⊙ 반죽(kneading)

: 고체-액체 혼합으로 다량의 고체분말과 소량의 액체를 섞는 조작이다.

⊙ 유화(emulsification)

: 교반과 같이 액체-액체 혼합이지만 서로 녹지 않는 액체를 분산시켜 혼합하는 것이다.

1) 고체-고체의 혼합

혼합기에서 입자들은 대류(convertion), 확산(diffusion), 전단(shear stress) 작용 등 복합적인 혼합작용에 의해 혼합되는 동시에 입자들의 성질의 차이로 분리되기도 한다. 고체-고체 혼합은 입자나 분체를 다루며 물질의 크기, 비중, 점착성, 유동성, 응집성 등과 같은 물성의 혼합조작에 영향을 준다.

① 텀블러 혼합기

드럼 믹서(drum mixer) 또는 회전믹서(rotating mixer)라고 한다. 그 구조는 아래 그림에서와 같이 여러 가지 모양이 있다. 혼합효과를 높이기 위하여 드럼 속에 장애판(baffle)이나 혼합 유도장치(혼합날개)를 설치한 것이 있다. 모터에 의해 회전이 이루어지도록 되어 있다. 이들 혼합기는 회분식 혼합기로서 혼합원료를 뺄 수 있도록 구멍이 있다.

혼합원료는 용기 부피의 50~60%를 채우고, 회전속도는 원심력이 중력보다 크지 않도록 임계속도 이하에서 조업하여야 한다. 보통 회전속도를 100 rpm으로 하며, 물리적 성질이 비슷한 고체입자의 혼합에 알맞다. 그러나 고체 입자의 모양, 크기, 밀도 등에 차이가 있을 경우는 고체 입자 사이에 분리되는 경우가 있어 문제가 된다.

② 리본, 스크루 혼합기

수평용기형 혼합기라고도 한다. 스크루나 리본을 2~3개 원통형 용기에 설치하여 회전시키면, 그 속에 든 물질을 혼합시킬 수 있다. 이런 유형의 혼합기를 스크루 믹서 또는 리본 믹서라고 한다.

2) 고체-액체의 혼합

액체에 소량의 고체를 혼합할 때는 교반 원리가 적용된다. 그러나 고체의 양이 증가하면 점성이 크게 증가하고 유동성이 떨어지게 된다. 혼합조작은 식품의 유동성을 이용할 수 없고, 기계적인 교반날개만으로 혼합하게 된다. 고체-액체의 혼합은 단순한 혼합 목적 이외에 제빵, 제과용 밀가루 반죽이나 초콜릿 콘칭과 같은 혼합제품이 독특한 물성을 지닐 때까지 계속하는 것이 보통이다.

① **팬 믹서(pan mixer)**

계란, 크림, 쇼트닝, 과자원료 등을 혼합할 때 이용하는 혼합기이다.

② **반죽기(kneader)**

반죽기는 액체의 양이 아주 적을 때 혼합물의 유동성이 더욱 없어지기 때문에 밀가루 반죽과 마찬가지로 반죽을 늘리고, 접고 하는 동작을 기계적으로 반복하도록 설계되어 있다. 아래 그림과 같이 Z자형 교반날개를 가진 반죽기가 대표적인 것이다.

3) 액체-고체의 혼합

① **교반**

소량의 고체를 액체에 혼합시키는 경우에는 유동성이 좋으므로 교반 날개를 이용하여 고체 입자가 액체 중에 잘 분산되도록 저어 주면 된다. 한편, 액체와 액체의 혼합에 사용하는 교반기는 액체를 담는 용기 속에 액체를 저어 주는 날개인 임펠러(impeller)를 장치한 것이다. 따라서 이 교반기를 임펠러 교반기라고도 한다.

일반적으로 탱크 내부에 회전축(rotary shaft)을 설치하고, 여기에 1개 또는 그 이상의 임펠러를 달아 회전시킨다. 임펠러의 회전은 용기 속의 액체를 뒤섞어 주어 혼합 작용을 하게 된다.

임펠러의 형태에는 패들(paddle)형, 터빈(turbine)형 및 프로펠러(propeller)형의 세 가지가 있다. 임펠러의 회전에 따른 흐름의 생성 형태가 혼합에 영향을 끼치게 되는데, 임펠러의 회전 방향과 같은 흐름이 형성되면 맴돌이(vertex)가 생기게 되어 액체는 맴돌이를 따라 회전할 뿐 서로 잘 섞이지는 않으므로 맴돌이를 없애 주는 장애판(baffle)을 설치하는 경우가 많다.

4. 혼합기 분류

1) Horizontal Mixer

① 리본형

- 분체와 분체의 혼합
- 분체와 액체의 혼합 등에 사용한다.

② 연합형

- 고점도 습윤 분체와 분체
- 고점도 습윤 분체와 액체의 혼합에 사용된다.
- 2중 Jacket 구조로 혼합물질의 반응, 용해 증발도 가능하다.

2) Viertical Mixer

① 고점도용 혼합기 : 액체와 분체의 고점도 혼합에 사용되는 혼합기로서 강력한 Moter 힘에 의한 작업이므로 안전에 유의하여야 한다.

② Homo Mixer : 강력하고 빠른 회전력으로 교반, 분산하는 혼합기로 균질화도 가능하도록 구성되어있다. 회전력의 조절은 inverter로 조절가능한 구조로 되어 있다.

3) V-Mixer

- 다양한 분체의 균일한 혼합이 가능하다.
- 분말 혼합만 가능함.

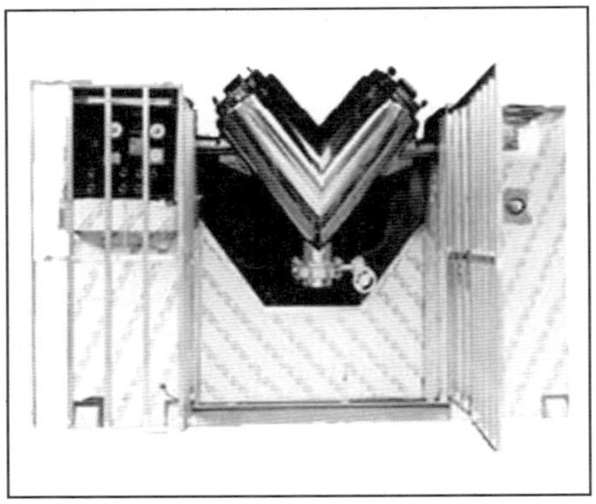

4) Double come Mixer

5. 혼합실 점검

1) 작업장 온습도 및 차압, 환기 check

- 온 도 : 23±2℃
- 습 도 : 53±5%
- 공조기준 : 음압(－)
- 공기회전수 : 20회/HR

2) 혼합기 청결상태 점검

- CIP 주기 : 한 제품 시작 전 - 종료 후
- CIP 방법

① 온수로 혼합기 내에 충분히 채운 후 잠시 대기 blade 부분의 구석구석부터 닦는다.

② 주정 75%를 사용 혼합기 내부에 완전히 도포 spray한 후 깨끗한 수건으로 닦고 건조시킨다.

③ 세척-소독된 후 cover를 덮고 대기한다.

6. 혼합 작업순서(Horizontal mixer)

1) 작업 기준서와 공정 기록서를 작업장에 비치하여 시행하고자 하는 제품 규격에 대한 점검을 시행 전 확인한다.

2) Recipe에 따라 준비된 허브 제분원료와 분말 첨가물 원료를 혼합기 내 투입하여 기준 시간에 따라 혼합한다.

3) 혼합이 완료되면 공정 작업자는 혼합물의 시험의뢰를 하여 품질 담당자에 의한 확인검사를 시행한다.

■ 특이사항

Mixer의 기능은 mixer 종류 및 blade의 형태에 따라 다양한 차이를 나타내며 허브원료에 따라 사전 호화전분액을 첨가물로 투입하여 제형작업을 원활히 할 수 도 있으며 blade의 속도가변 기능으로 시간 조정 및 제품 고급화도 가능하다.

7. 연합

연합(kneading)이란 분체에 액체를 가해서 개는 조작을 말한다. 습식조립의 전단계로서의 연합은 분체와 액체가 균일하게 혼합되면 목적을 달성하는 경우가 많다.

1) 분체와 액체의 충전특성

일반적으로 분체에 대해서 이것을 용해하지 않도록 액체를 조금씩 첨가해가면 분체-액체-공기의 혼합계는 표 1과 같은 상태를 나타낸다고 알려져 있다.

표 Ⅵ-1. 습윤분체의 충전양식과 조립법과의 관계

액분 (%)		0		→ 액분증가		100
상태		A	B	C	D	E
충전양식	분　　체	연속	연속	연속	불연속	불연속
	액　　체	불연속	연속	연속	연속	연속
	공　　기	연속	연속	불연속	ZERO	ZERO
	충 전 역	pendular 역	funicular 역-Ⅰ	funicular 역-Ⅱ	capillary 역	slurry 역
	최상식 통칭	부석부석			(P.L.) 끈적끈적	(L.L.) 눅진눅진
조립법과의 관계	압축 성형법	○	△	△	×	×
	압출 조리법	△	○	○	△	×
	전동 조리법	△	○	○	△	×
	분무 조리법	×	×	×	×	○
	교반 조리법	△	○	○	△	×
	유동층 조리법	△	○	○	×	×

주) ○: 최적상태,　△: 경우에 따라서 부적합,　×: 부적합

상태 A의 pendular 역이란 소량의 액체를 분체에 첨가했을 때 액체가 분체입자의 접점에서 모세관형상에 의하여 부착하고 있는 상태에서 액체는 불연속이고 입자의 접점의 부분에 개개로 독립해서 점재하는 모양이다. 분체입자는 각 접점에서 연속하여 있고 입자사이에 존재하는 공기도 연속하고 있다.

상태 B의 funicular 역-I는 pendular의 상태에서 액체가 조금 더 증가한 것으로 액체는 분체입자의 접점을 중심으로 ring 모양으로 퍼져 서로 연결되어 있다. 이 상태에서는 분체-액체-공기가 모두 연속해서 존재하고 있다.

상태C의 funicular 역-II는 액체가 더 많아진 것인데 공기가 액체 사이에 끼어들어가 불연속으로 존재하게 된다. 따라서 공기는 움직이기

어렵다.

이 상태에서 액체가 더 증가하면 공기의 용적이 없어져 D의 capillary 역이 된다.

2) 연합기의 종류

연합기에는 연합전용의 것과 연합 및 과립 겸용의 것이 있다.

스피드 믹서기 점검사항		
작동방법	1. 전기누전 상태를 확인한다. 2. 외부 청소상태를 점검한다. 3. 뚜껑을 들어 올린다. 4. 내부 청소상태를 점검한다. 5. 임펠라 조임 상태를 확인한다. 6. 제조기록서를 확인하여 반제품을 투입한다. 7. 뚜껑을 닫고 조임레버를 잠근다. 8. 자동 닫김센서가 정상인지 확인한다. 9. 메인 콘트롤박스 전원을 ON한다. 10. 작동 콘트롤박스 전원을 ON한다. 11. 에어밸브를 연다. 12. 에어 작동스위치를 ON한다. 13. 에어뎀퍼가 닫혔는지 확인한다. 14. 타이머를 설정한다. 15. 주 임펠라를 ON한다. 16. 보조 임펠라를 ON하여 작업한다.	※ 주의사항
청소방법	1. 온수를 가하여 5분간 회전시켜 세척한다. 2. 정제수를 가하여 5분간 세척한다. 3. 고무팩킹을 분리하여 정제수로 세척한다. 4. 무진걸레로 물기가 없도록 닦고 자연건조 시킨다. 5. 70% 에탄올을 분사하여 닦는다.	※ 확인 1. 건조상태 확인 2. 소독가제로 문질러 오염물이 묻어나지 않으면 사용
청소도구 및 약품	도구 : 무진걸레 약품 : 70% 에탄올	※ 청소주기 제품변경시 작업종료시

VII. 정제 기술

1. 개요

고형제제 중 정제는 가장 생산량이 많은 제형 중의 하나이다. 정제가 많이 사용되는 이유는 이 제형이 1개의 계량단위로서 취급하기 쉽고 복용하기 용이하며 그 제법이 비교적 간단하기 때문이다. 그리고 필요에 따라 Coating 하여 보통의 속용성(涑溶性) 이외에 장용성(腸容性), 지속성(持續性) 등의 기능을 부여할 수 있고, 고미(苦味), 냄새, 자극에 대한 Masking 및 안정화 등이 타 제형에 비해 용이한 특징을 가지고 있다.

1930년대에 전동식 정제기가 등장하면서 정제의 제조법이 습식제립법에서 압축법으로 이행되었고 1934년 제 5개정 일본약국방에서 「정제는 압축하여 만든 것이다」라고 정의가 개정되었다. 그 후 현재 보여 지고 있는 정제는 거의 대부분이 분립체를 정제기로 가압 성형하여 만들어지는 압축정제이지만 이 분립체의 압축에 따르는 제 현상이 물리적, 공학적으로 해석되기 시작한 것은 1952년 Higuchi 등에 의해서였다.
그 후 실용적인 여러 가지 기능을 갖는 정제기가 개발되기 시작한 이래 약 40년 그 중에서도 직접분말 압축법에 적합한 정제기가 등장한 것은 20년 전이었으며, 최근에 Electronics 기술을 구사한 무인자동 정제기가 등장한 것은 불과 4, 5년 정도로 정제 제조기술 자체는 비교적 새롭고 앞으로도 급속한 발전이 기대되는 제제 기술 분야이다.

정제는 용법과 약제의 흡수부위에 따라 내복용 정제, 구강용 정제, 비경구용 정제, 외용 정제 등 4종류로 분류되며 이들에 속하는 정제의 종류를 표 VII-1에 나타내었다.

표VII-1. **정제의 종류**

내복용 정제	속용성 정제 Coating용 중심정 압축 coating정 다층정 지속정 정제 저작정 발포정
구강용 정제	트로키제 Buccal정 설하정
비경구용 정제	주사용 정제 식입용 정제
외용 정제	용해용 정제 조제용 정제 시약용 정제 감음용 정제 안용 정제 질용 정제 요도용 정제

이중 내부에 의해 소화관내의 흡수부위로부터 약제를 흡수시키거나 또는 소화관의 국소부위에 작용시키는 것을 목적으로 한 정제를 내복용 정제라고 하며 Coating 정제를 포함하여 현재 보여 지는 정제의 대부분이 여기에 속한다.

이들 중 압축정제는 분립체를 정제기로 압축 성형하여 만들지만 성형에 사용되는 분립체는 다음과 같은 조건을 만족하는 것이 아니면 안된다.

① 유동성이 적당하여 정제기의 Die에의 충전이 용이할 것
②압축시 punch 면에 부착하지 않고 압축 후 Die로부터 용이하게 방출될 것
③ 압축시 소성변형이 일어나기 쉽고 타정된 정제가 적당한 기계적 강도를 가질 것
④ 타정된 정제가 기대하는 붕해, 용출성을 가질 것

그러나 일반적으로 약제 단독으로서는 이들 조건을 만족할 수 없기 때문에 이것에 부형제(Diluents), 결합제(Binders), 붕해제(Disitegrators), 활택제(Lubricants) 중 적당한 첨가제를 가하여 여러 가지의 제제 조작을 행한다. 물론 이들 첨가제는 생리적으로 불활성한 것이거나 약제의 안정성을 저해하는 것이어서는 안 되기 때문에 그 선택에 대해서는 충분한 물리적, 화학적, 생물약제학적 검토가 필요하다.

표Ⅶ-2. 정제 첨가제 종류

종류	부형제	결합제	붕해제	활택제
Celluloss와 그 유도체		Crystalline Celluloss L-HPC Na-CMC 분말 Celluloss HPMC Methyl Celluloss HPC	Carboxymethyl Celluloss Ca-CMC L-HPC HPMC 분말 Celluloss	
속전분과 그 유도체	전 분	전 분 α - 전분 Dextrin	전 분 Carboxymethyl Starch Hadroxypropyl Starch	서당 지방산 Ester
기타천연 고분자 화합물과 그 유도체		Acacia Sodium Alginate Tragacanth 정제 Gelatin		
합 성 고분자		Polyvinyl Alcohol Polyvinyl Pyrollidone		
당 류	Lactose Sucrose Mannitol			
무기 화합물	인산 수소칼슘 합성규산 알미늄			Talc
기 타				Mg.Stearate Stearic Acid

2. 수용성 정제

섭취 후 신속한 약효발현을 목적으로 정제에 신속한 붕해성(보통 15분 이내)과 신속한 약제방출성(보통 20분 이내에 75% 이상)을 부여한 것으로서 습식과립 압축법, 건식과립 압축법, 직접분말 압축법의 어떤 제조 방법이나 또는 이들을 조합시킨 방법으로 제조한다.

1) 습식과립 압축법

보통 5～300㎛ 정도 크기의 약제와 부형제를 혼합한다. 이때 부형제의 일부로 전분, Ca-CMC 등을 사용하여 붕해제로서의 겸용을 도모하고, 이것에 물, 유기용매 또는 필요에 따라 결합제 용액을 적량 가해 이들 각 성분이 충전 구조를 나타내는 상태까지 연합한다.

이 연합물을 각종 제립기를 사용하여 직경 0.5～2㎜ 정도의 습윤 과립으로 제조하고 이것을 Pendular 그룹의 적당한 수분함량이 될 때까지 건조한다.

다음 이 건조물을 정제의 크기에 따라 적당한 입자도로 분쇄 제립하고 필요하면 미세분말을 제고하고 활택제 또는 필요에 따라 붕해제를 첨가하여 혼합하고 정제기로 일정한 형태로 압축하여 정제로 제조한다.

표Ⅶ-3. 정제특성에 영향을 주는 요인

물질	약제, 부형제, 붕해제	종류, 입자형태, 입도분포, 평균입자경, 비표면적, 첨가방법, 첨가량
	결합제	종류, 농도, 점도, 첨가방법, 첨가량
	활택제	종류, 첨가방법, 첨가량
공정	연합	기계기구, 기계용량, 회전속도, 연합시간, 장입율
	제립	기계도욱, 기계용량, Screen 공경, 회전속도
	건조	기계기구, 풍온, 풍속, 풍량
	정립	기계기구, Mesh Size, 회전속도
	활택제 혼합	기계기구, 회전속도, 혼합시간, 장입율
	타정	기계기구, 회전속도, 압축압력, 압축형상

최근에 정제압축시 타정압력과 정제중량간에 상관관계가 있는 점에 착안하여 개개의 타정압력을 감시하고 설정된 타정압력을 유지하도록 중량조절 Handle을 자동 조절하여 설정범위 이외의 정제는 별도로 배

출되는 system이 computer를 사용 실현하여 무인에 의한 자동정제기의 운전이 실용화되고 있다.

2) 건식과립 압축법

습식 제립의 전처리 대신에 분립체에 건식과립의 전처리를 하여 압축하는 방법을 건식과립 압축법 또는 Slug법이라고 하며 일반적으로 원료가 흡습성이 있거나 열이나 수분에 불안정하여 유동성이 낮은 경우에 이 방법이 채택되고 있다.

3) 직접분말 압축법

원료의 부형제 또는 필요에 따라 분말상의 결합제, 붕해제를 가하여 만든 혼합물에 활택제를 첨가하고 이것을 직접 타정기로서 압축하여 정제로 성형하는 방법을 직접분말 압축법이라고 한다. 전술한 습식과립 압축법으로 만들어진 정제는 과립상태를 거쳐 분말로 붕해하는데 비해 이 압축법으로 만들어진 정제는 직접 분말 상태로 붕해하기 때문에 일반적으로 신속한 붕해가 기대될 수 있다.

그리고 건식과립 압축법과 같이 수분, 열 등에 영향을 받지 않아 원료의 화학적 안정성을 저하시키지 않으므로 제립, 건조, 정립 공정의 생략으로 인한 제조경비 절감효과를 가져올 수 있기 때문에 일반화되어 지고 있다. 그러나 이 경우에 주원료의 함량이 적을 때 등 입자의 편중에 따라 함량균일성의 확보가 어려운 경우가 있고 약제 입자의 입자경, 혼합방법 등에 충분한 주의가 필요하다.

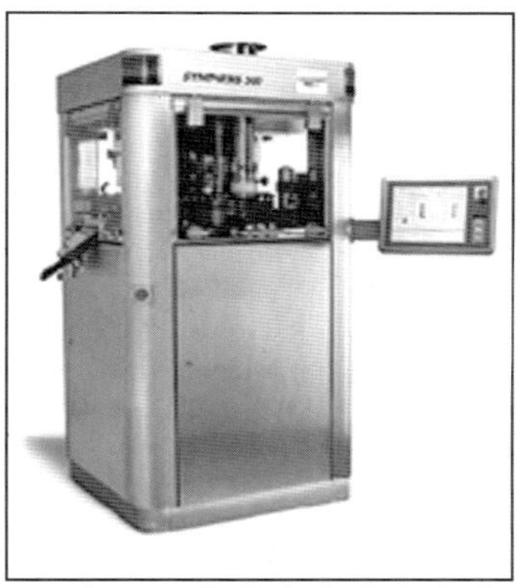

로타리정제기

정제 코팅기

3. 특수 정제

1) 유핵정

정제를 압축 Coating 정제기를 사용하여 중심정 주위의 분립체를 압축 성형한 정제를 유핵정이라 하고 이중정 또는 압축 Coating정이라고도 한다.

2) 다층정

적층정이라고도 부르며 조성이 다른 분립체를 2층 또는 3층의 층상으로 압축성형한 것이다. 이 목적은 접촉에 의해 불안정화되는 약제의 분리, 약제의 고미 Masking, 속용층, 지속층에 의한 지속화 등이 있다. 이 성형법에는 제 1층용, 제 2층용, 제 3층용의 각 분립체를 순차적으로 정제기의 Die에 충전한 후 이들은 한 번에 본 압축하는 방법과 제 1층, 제 2층의 충전 후에 각층에서 가볍게 예압축을 하고 제 3층을 충전한 후 본 압축하는 방법과의 두 가지 방법이 있다.

3) Chewable Tablets

1회 복용량이 많은 약제나 교미 때문에 당류 등을 대량으로 사용하며 정제의 크기가 커져서 연하(嚥下)가 곤란하게 되는 경우에 사용되는 제형으로 씹어서 복용하는 것을 특징으로 한다. 제조방법은 속용성의 정제와 동일하지만 미각, 식감이 중요한 요인으로 되기 때문에 구강 내에서 느낌이 안 좋거나 맛이 나쁜 것은 사용하지 않고 당류를 많이 사용한다. 실제로 씹어서 적절한 크기의 입도가 되도록 압축조건을 설정할 필요가 있다.

4) 발포정

청량제, 함수제 또는 질용 정제에의 적용을 목적으로 하는 제형으로서 약제에 구연산 등 탄산보다 해리정수가 큰 유기산과 탄산수소나트륨 등 탄산수소염과를 조합시켜 만든다. 이 정제는 물과 접촉시키면 유기산과 탄산수소염과의 반응으로 탄산가스가 발생되고 신속한 붕해와 용출성을 나타내는 것이 특징이지만 이 반응은 소량의 수분으로서 진행되기 때문에 제정 중이나 보존중에는 건조한 상태로 보존할 필요가 있고, 또 기제로서 사용되는 유기산이나 탄산수소염이 주원료의 안정성에 영향을 미치는 경우가 있어 주의가 필요하다.

5) 설하정(舌下錠)

구중에서 용해 또는 붕해시키는 정제로서 설하정(sublingual tablets), 바칼정(buccal tablets)과 트로키(troches), Lozenges or Pastilles 등이 있다.

4. 정제 제조시 문제점 및 압축기구의 개량

정제를 제조하는 과정에서 발생하는 문제는 다양하지만 특히 문제가 되는 것은 Capping, Lamination, Sticking, Die Friction, Mottling 등으로 불려지는 현상으로 정제 제조시에 발생되는 원인과 그 대책에 대해 기술한다.

1) Capping 현상

Capping은 압축성형된 정제를 Die에서 방출하는 과정에서 정제 윗면 모서리 가까이에서 정제에 깨진 면이 형성되면 이 깨진 면에서 윗부분이 모자모양으로 박리하는 현상을 말한다. 이 현상은 정제가 본래의 현상을 확보할 수 없다고 하는 점에서 공정상 매우 중요하기 때문에 이 trouble의 방지방법에 대해 피압축분립체측과 정제기측의 쌍방에서 중점적인 연구가 되어지고 있다. Capping의 발생기전에 관하여 여러 가지의 보고가 되고 있으며 이들을 종합하여 정제의 성형과정과 함께 기술하면 다음과 같다.

① 압축시 분립체중에 포함되어 있는 공기가 빠져나가지 못하고 정제의 특정부위로 이동하고 그 부위에서 불연속구조를 형성하여 이것이 정제방출시 깨진 면으로 된다.

② 압축 종료후 압력이 빠져나가는 과정에서 수직응력과 Die벽면 응력과의 합력에 의해 전단응력이 생기고 이것 가까이에서 정제에 깨진 면이 생긴다.

③ 완전히 압력을 제거했을 때 정제는 Die 벽면 잔류응력에 의해 심하게 조이는 상태가 된다. 이 때 정제는 축방향으로 비뚤어지는 것이 회복되지만 Die 벽면에 가까운 만큼 Die 벽면 잔류응력에 의한 마찰보다 비뚤어지는 것의 회복이 억제되기 때문에 정제 중에 응력 집중면이 생기고 이 응력이 정제 경도를 초과할 때 깨진 면이 생긴다.

Capping을 방지하기 위해서는 첫째로 파괴력을 상회하는 정제 경도를 확보하는 것이 필요하다. 이를 위해서는 정제조성과 제조방법을 재검토하여 결합력을 상승시키는 수간이 채택되며, 한편으로는 정제의 압축기구를 개량하여 분립체의 압축능력을 높여 capping이 생기지 않는 정제 경도를 얻는 연구가 행해지고 있다. 먼저 정제기에서 최대 압축변위를 유지하는 시간 즉, 압축정체 시간에 착안하여 이 시간이 길은 만큼 정제의 경도가 상승하는 것이 명백하다.

2) Lamination 현상

Capping은 정제 윗면의 모서리부분이 박리하는 현상인 것에 비해 Lamination은 정제 중앙부위에서 상하로 분리하는 현상으로 Capping과 명확하게 구별된다. 이것의 주된 원인은 분립체중의 공기가 압축시에 빠져나가지 못하게 되기 때문이며 비압축 분립체가 액상 물질을 함유하여 탈기 효율이 저하되어 있는 경우와 압축 속도가 이상적으로 커져서 탈기가 제대로 되어질 수 없을 때 등으로 알려져 있다.

※ Lamination에 대한 대책은 Capping에 대한 대책과 본질적으로 동일하며 2단 압축 정제기를 사용하는 경우에는 예압 roller와 본압 roller의 압축율을 조정하여 가장 효율이 높게 탈기시킬 수 있는 조건을 찾을 수 있으나 이때의 최적 조건은 먼저 서술된 Capping을 최소로 하는 압축조건과 반드시 일치하지는 않는다. 또 이것과 병행하여 타정속도를 감소시키는 것도 유효한 방법이다.

3) Sticking 현상

Sticking은 압축성형시 정제표면과 펀치의 부착력이 정제 내부의 결합력보다 클 때 정제표면의 일부가 펀치 표면에 부착하여 정제표면의 일부가 떨어지게 되는 현상을 말한다.

이 대책으로서 활택제의 증량, 분립체의 입도조절, 압축압력의 증가, 펀치면 형상의 변경, 분립체 수분의 감소 등이 있다.

4) Die friction, binding 현상

정제와 Die 내벽과의 마찰을 말하며 정제와 Die 벽면과의 미끄러움이 좋지 않은 경우에 정제 측면에 흠이 생기는 것으로 Capping이나 Lamination을 유발하기 쉽다.

5) Mottling 현상

Mottling이란 밝은 부분이든 어두운 부분이든 정제의 균일한 표면에 나타나는 색상의 불균일한 분포를 말한다. Mottling 원인 중의 하나는 색상이 부형제와 다른 약물이나 깨어진 부분이 채색된 약물이다.

색소를 사용하면 이 문제를 해결할 수 있을지 모르나 다른 문제를 발생시킬 수도 있다. 색소는 건조 중에 과립의 표면으로 이동되면서 Mottling의 원인이 될 수 있다. 이와 같은 결점을 해결하기 위해서 처방설계자는 용매계의 변경, 결합제의 변경, 건조온도의 감소, 보다 작은 입자로의 분쇄 등으로 해결할 수 있다.

직타법 처방에서 색소를 사용하면 색소가 잘 분산되지 않거나 입자도가 너무 크면 Mottling을 일으킬 수 있다.

5. 제피 정제(Coated Tablets)

최근에 제조되는 정제중 제피정은 정제의 약 50%가 되며 Film Coated tablet과 당의정이 거의 같은 비율로 생산되고 있다.

전술한 압축 Coating 정제도 제피 정제의 일종이지만 보통 제피 정제라고 하면 Film Coated Tablet과 당의정의 2종류를 가리킨다.

고형 제제의 Coating은 옛날부터 행해지고 있는 기술 중의 하나로 제피 정제는 정제의 표면을 적당한 물질로 피복하여 만들고 있으며 정제 이외에 캅셀제와 과립제에도 적용되고 있다.

Coating의 목적은 ① 맛, 고유의 냄새 · 색상의 Masking, ② 주원료의 안정화, ③ 자극성 또는 Allergy를 일으킬 가능성 있는 주원료의 발진방지, ④ 장용성, 서방성의 부여에 의한 기능성 발현 조절, ⑤ 외관의 개선과 상품가치의 증가 등이다.

1) 제피방법의 분류

Coating 방법을 장치에 따라 분류하면 Pan에 의한 Coating법, 유동층 장치에 의한 Coating법으로 분류된다.

① Pan에 의한 Coating법

Pan Coating법은 1920년대 이후 현재까지 각국에서 변하지 않고 계승되어 일본에서는 1920년에 처음으로 Coating Pan이 제작되었다. 그러나 당의 조성, 당의조작, 당의기에 실제적인 변화가 보여져 경험적 기술에서 과학적 기술로 접근한 것은 1950년 후반부터였다. 즉 일본의 당의기에 대해서 서술하면 1957년도까지 전용량 200 의 동제(銅製) Pan으로 변했고, 그 후 700 의 Pan이 보통 사용되는 크기로 되고 현재는 3,700 정도까지의 Pan이 일부생산에 이용되고 있다.

이 경우 Film Coating과, 당의중 어느 경우에도 중심정을 넣은 Pan을 회전시키면서 수작업 또는 자동조작에 의해 Coating액을 정제의 유동표면에 주가(注加) 또는 Spray하고 이때 필요하면 산포제를 산포하고 다음에 Pan의 전면에서 송풍용 Duct를 통하여 정제의 표면에 열풍을 보내 용매를 제거 건조하고 정해진 횟수 이 조작을 번갈아 하는 것이 조작의 기본으로 되어 있다.

② 유동층 장치에 의한 Coating법

개체 입자가 충전된 층의 하부에서 유체를 보내 입자를 불어 올려서 기류중에 입자를 부유시키는 것을 유동화, 이와같은 상태의 층을 유동층이라고 하고 작은 입자 또는 정제를 개체입자로 하여 이것에 Coating액을 Spray하는 방법을 유동층 Coating법이라고 한다.

6. 공정순서

과립 (과립 공정순서를 그대로 적용)
↓
타정

타정

① 타정 공정 표시서를 작성하고 정제실에 추착한다(GMP).

② 타정 준비된 과립 반제품을 로터리 타정기 Hopper에 투입한 후 실험타정을 실시하여 규격 적부 여부 test를 시행한다.

③ 타정 작업 - 제품별 규격에 따라 성상, 붕해도, 마손도, 경도, 두께, 중량 등을 검사한다.

④ 규격 적합된 타정제품은 반제품창고로 이송. 시험의뢰서를 작성 품질 담당자에 검체 채취 의뢰를 한 후, 시험중 라벨을 부착하여 대기한다.

⑤ 타정기 청소방법

표Ⅶ-4. 타정기 작동방법 및 청소

	로타리 타정기	
작동방법	1. 전기누전 상태를 확인한다. 2. 청소상태를 점검한다. 3. 기계 이상 유무를 확인한다. 4. 펀치의 마모상태, 주유상태를 확인한다. 5. 진공청소기로 분진을 흡입시킨다. 6. 원료의 건조상태를 확인한다. 7. 안전 자동제어 장치를 확인한다. 8. 제조기록서를 확인하여 원료를 투입하고 타정한다.	※주의사항 1. 펀치 작동 중 절대 손을 넣지 말 것(압착주의) 2. 반드시 기계를 중지시킨 후 작업할 것.
청소방법	1. Hopper, Feeder 등을 분해하여 별도 세척한다. (일반용기 및 기구세척방법에 준한다) 2. 상 하 Punch 및 Die를 분해하여 70% 에탄올에 적신 소창으로 닦아내고 오일(Viteea 37:Shell co.)로 닦아 보관함에 보관한다. 3. 기계는 진공청소기로 분진을 제거한다. 4. 70% 에탄올로 기계를 닦는다. 5. 오일(Viteea 37:Shell co.)로 기계를 닦는다. 6. 사용전 Punch, Die, 기계 등은 70% 에탄올로 오일을 제거한다. 7. 과립물과 직접 닿는 면은 소독가아제로 오일이 없도록 닦는다.	※확인 1. 건조상태 확인 2. 소독가제로 문질러 오염물이 묻어나지 않으면 사용
청소도구 및 약품	도구 : 탈지면, 소창, 진공청소기, 수세미 약품 : 70% 에탄올, 중성세제, 오일	※청소주기 제품 변경시 작업 종료시

VIII. 캡셀 기술

1. 정의

캅셀은 건강 기능성 식품을 액상, 현탁상, 풀상(paste), 분말상 또는 과립상 등의 형태로 캅셀에 충전 또는 캅셀기제로 피포 형성하여 만든 것으로 경질 캅셀제 및 연질 캅셀제가 있다.

경질 캅셀(hard gelatin capsule)은 보통 캅셀에 기능성 원료 또는 기능성 원료에 적당한 부형제로 첨가제를 고르게 섞은 것 또는 적당한 방법으로 입상으로 한 것 또는 입상으로 한 것에 적당한 제피제로 제피한 것을 그대로 또는 가볍게 성형하여 충전하여 만든다.

연질 캅셀(soft gelatin capsule)은 보통 기능성 원료 또는 기능성 원료에 적당한 부형제 등을 넣은 것을 gelatin에 glycerin 또는 sorbitol 등을 넣어 소성을 높인 캅셀기제를 피포하여 일정한 형상으로 성형하여 만든다.

필요에 따라 캅셀기제에 착색제, 보존제 등을 넣을 수 있다.

2. History

캅셀제는 1833년 프랑스의 약사 Mothes가 처음 발명한 것이다. 그 후 1874년 미국의 약사 Hubel에 의하여 지금과 같은 경질캅셀이 기계적으로 생산하게 되었고 캅셀 크리글 숫자로 표시하는 시스템을 도입하였는데 현재는 000, 00, 0, 1, 2, 3, 4, 5호의 8종류가 있다.

연질 캅셀제의 경우는 1933년 독일의 Robert P. Scherer가 라타리법을 발명함으로써 획기적으로 대량 생산을 하게 되었다. 최근에는 충전 공정중이나 유통 중에 body와 cap이 쉽게 분리되는 것을 방지하기 위하여 body의 길이를 짧게 한 supro capsule이 개발되었다.

대표적인 캅셀 제조회사로는 Parke Davis사와 Eli Lilly사가 있으며 캅셀제 시장은 전 세계적으로 웰빙지향과 함께 건강 기능성 식품으로 확대되어 연간 1조개로 추정되고 있다.

3. 특징

캅셀제에는 다음과 같은 여러 가지 특성이 있다.

1) 고미, 불쾌취 또는 자극성을 방지할 수 있다.
2) 섭취하기에 편리하다.
3) 소량이나 대량 생산이 모두 가능하다.
4) 제제 공정이 간단하여 제조 원가를 절감할 수 있으며 제품개발이 쉽다.
5) 충전시 압력이 필요치 않으며 controlled release pellet(multiple unit)의 충전에 적합하다.
6) 제조 공정 중에 열 또는 물을 사용하지 않는다.
7) 색상을 다양하게 할 수 있으므로 다른 제품과 차별화하기 쉽고 마케팅에 유리하다.
8) 첨가제의 종류와 양이 적어도 되며, 처방 개발이 용이하다.
9) 붕해 시간이 짧아 약물 방출이 신속하다.
10) 중량편차가 작다.

특히 경질 캅셀제의 경우
1) 흡입제의 소량 충전에 좋다
2) 가로, 세로 어느 방향으로도 인쇄할 수 있고 인쇄 면적이 크다.
3) 분말, 과립, pellet, 정제 또는 그 조합물을 충전할 수 있다.

특히 연질 캅셀제의 경우
1) 유상이나 현탁상 또는 paste상의 약품도 충전할 수 있다.
2) 외관이 미려해서 복용자에게 받아들여지기 쉽다.
3) 여러 가지 형상으로 만들 수 있다.

4. 경질 캅셀제의 제조

캅셀제조업체로부터 공급된 공캅셀에 약제를 충전하여 제조한다. 제조 공정은 주약 및 첨가제를 사과하여 혼합 충전한 후 제분 선별하여 포장한다.

공캅셀의 두께는 0.1～0.2㎜ 정도이며 약제의 제조는 산제, 과립제 등의 제법과 공통이므로, 여기서는 캅셀제의 고유한 부분인 충전공정 이후에 대해서 설명하겠다.

1) 충전

캅셀의 충전은 습도를 조절할 수 있는 작업실에서 이루어져야 하며 캅셀의 크기와 원료의 겉보기 밀도에 의하여 충전량이 결정된다. 원료의 물성에 따라 차이가 있지만 일반적으로는 0.6～0.8g/㎖의 겉보기 밀도로 충전한다. 표 Ⅷ-1은 캅셀 크기에 따른 캅셀의 충전량(약제의 겉보기 밀도 0.6g/㎖의 경우)를 표시한 것이다.

표Ⅷ-1. **캅슐 충전의 호수와 충전량과의 관계**

호수	000	00	0	1	2	3	4	5
중량(㎎)	163.0	122.0	103.0	9.0	5.0	0.0	0.0	8.0
body의 용적(㎖)	1.37	0.95	0.68	0.47	0.37	0.27	0.20	0.13
충전량(㎎)	822	577	408	300	222	180	126	78

충전공전은 캅셀공급 → 방향규제(orientation) → body 및 cap분리 → 충전 → body 및 cap 끼움 → 충전기의 배출의 순으로 진행된다. 충전작업은 공캅셀의 함유수분이 변화를 일으키지 않는 온습도 조건(25℃↓, 40～50%RH)에서 이뤄져야 한다.

전자동 충전기로는 독일의 Hofliger & Karg 및 Zanasi-Nigris, 이태리의 mG-2 및 Farmatic이 국내에 도입되어 많이 사용되고 있다.

캅셀제의 제조에 있어서 가장 중요한 품질특성은 충전량의 균일성이다. 이것은 주로 충전기의 충전 mechanism이나 캅셀크기의 정밀도, 원료의 유동성, 부착성, 응집성 등의 물성의 영향을 받는다.

Capsule의 충전 mechanism은 충전기의 종류에 따라서 다르며, auger식, disk식, tamping & disk식 및 tube식이 있는데 (그림)은 원료의 물성에 적합한 충전 mechanism을 갖는 기종을 선택하는 것이 중요한다.

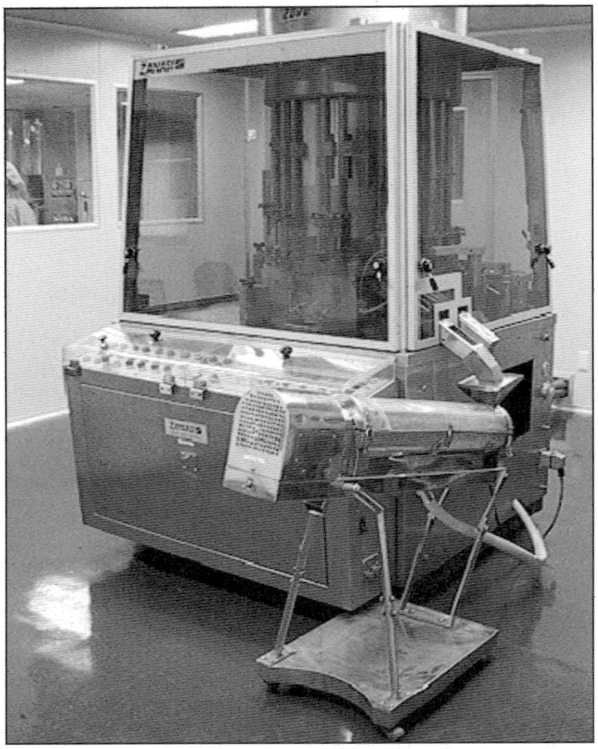

① **Auger식**

Hopper에 붙은 auger의 회전에 의하여 직접 충전하는 방식이며, 원료의 유동성이 나쁘면 호퍼 내에 channerl이 생겨 충전이 잘 되지 않는다. Tale나 silicon oxide를 첨가하면 유동성을 좋게 할 수 있다.

② **Disk식**

충전하는 원료의 자중에 의하여 직접 충전하는 방식이며, 유동성이 좋은 원료의 충전에 적합하다.

반자동 캡셀충전기

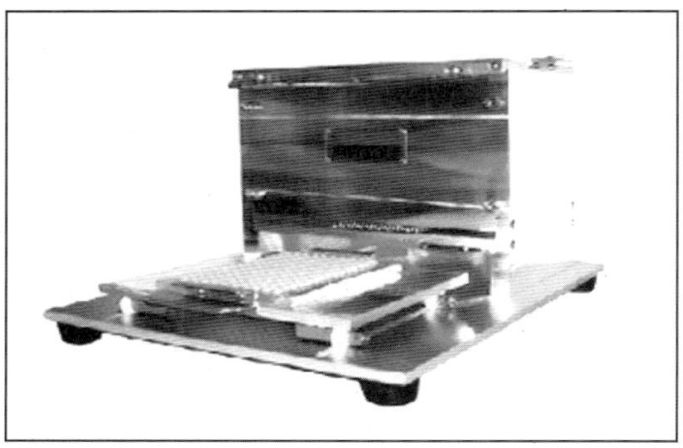

③ Tamping & Disk식

혼합원료 공급용 호퍼에서 충전용 호퍼로 공급된 혼합물은 교반장치에 의해서 충전용 plate에 뚫린 구멍으로 충전된 후 punch로 압축하여 충전하는 방식이며, 유동성이 거의 없는 혼합물에도 적용할 수 있다.

④ Tube식

원료충전용 호퍼내의 혼합물층의 위에서 충전용 funnel을 밀어 넣어 원료를 충전하는 동시에 funnel내의 압축된 혼합물을 punch로 압축하여 충전하는 방식이며, 여기에 적합한 물성으로서는 funnel내의 압출된 후 캅셀로 이동할 때까지 쏟아지지 않을 만큼의 응집성이 필요하다.

5. 연질 캅셀제의 제조

경질 캅셀제는 미리 만들어진 공캅셀에 혼합물을 충전하여 cap과 body를 끼워 제조하는데 반하여, 연질캅셀제는 캅셀피막의 성형과 원료의 충전이 일괄작업으로 제조되는 차이가 있다.

Gelatin sheet에 탄력성과 유연성을 주기 위해서 가소제로서 glycerin과 sorbitol이 비교적 다량 첨가되면 두께는 0.8㎜정도이다.

1) 피막성분(Capsule shell)

Gelatin이 사용된다. Gelatin은 소, 돼지 등의 진피 또는 뼈를 원료로 하며 전처리하고 가수분해를 한 후, 추출 정제한 것이다. 전처리로서는 알칼리 처리와 산처리가 있으며, 전자에 의해서 얻어진 것을 알칼리 처리 gelatine(B형 gelatin), 후자에 의한 것을 산처리 gelatin(A형 gelatin)이라고 한다. 고온다습지역에서는 일반적으로 glycerin의 첨가량은 표에에서의 Hard형보다 적다. Gelatin에 glycerin을 첨가하면 용해도가 증가하나 gelatin과 glycerin의 비율이 1.2～2.0의 범위내에서는 일정하다는 연구결과가 있으며, 가소제의 최적사용량이 있음을 시사하고 있다. Glycerin은 sorbitol보다도 피막의 물성에 미치는 영향이 크다, 단 고분자 물질을 첨가하면 수증기 투과성이 저하한다.

표Ⅷ-2. 캅슐의 재질과 성상

Type	Hard	Medium Hard	Medium	일본의 예
Gelatin	47.6%	45.0%	43.1%	50%
Glycerin	18.1%	22.5%	25.8%	15%
水	34.3%	32.5%	31.1%	35%

또, 제품의 식별, 차광 등의 목적으로 착색하는데 빛에 불안정한 원료의 보호를 위하여 차광효과가 큰 titanium dioxide를 사용한다.

한편, 색소와 gelatin과의 상호작용에 의하여 경시변화를 받아 연질 캅셀제의 붕해 시간이 길어진다는 점도 고려할 필요가 있다.

연질 캅셀제는 수분함량이 많기 때문에 미생물이 번식하기 쉽다. 방부제로서 paraben류를 첨가하며, 그 외에 교미, 교취제를 첨가하기도 한다.

연질캅셀 젤라틴 제조

2) 캅셀 내용물

보통 연질캅셀제의 내용물은 액상약물, 적당한 용매에 녹인 약물용액 또는 paste상이다.

사용되는 용매는 다음과 같이 분류된다.

① 물과 혼합하지 않는 휘발성 또는 비휘발성의 액체

예: 식물성 정유, 지방족 또는 방향족 탄화수소, 염소화탄화수소, ether류, ester류, alcohol류, 유기산류

② 물과 혼합하는 비휘발성의 액체

③ 기타 : glycerin, propylene glycol, isopropanol, 저급 alcohol, ketone, acid, amine ester류
예 : 대두유, 참깨기름

3) 제조방법

연질캅셀제의 제법에는 다음의 세가지가 있다.

- 침적법(dipping method)
- 압축성형법(stamping method) : 평판법, 로타리법
- 적하법(dripping method, seamless method)

그러나 현재 대량생산에 주로 사용되고 있는 방법은 평판법과 적하법인데 여기서는 rotary법과 seamless법에 대해서 설명한다.

(1) Rotary법

2매의 캅셀기제 사이에 혼합물을 넣어 적당한 양을 사용하여 압축성형하는데 형차에 의하여 좌우 양쪽에서 gelatin판이 연속적으로 보내져서 압축되기 직전에 중앙으로부터 일정량의 약액이 떨어져 충전되고 회전하는 형차에 의하여 gelatin 판이 압축성형되는 방식이다.

(2) Seamless법

적하법에 의해서 만든 연질캅셀제는 이음매(seam)가 없기 때문에 seamless법이라고 한다.

gelatin액이 자동밸브를 통한 자연낙하에 의해서 일정량이 2중 노즐의 외축노즐로 보내지고 약액은 펌프를 거쳐 내측노즐에 정량공급된다. 2층으로 된 유출물은 gelatin액과 혼합하지 않는 유동파라핀과 같은 냉각용매중에 방출된다.

노즐 밑에 설치된 팔세타에서 간헐적으로 냉각매의 일부를 분사하므로써 2층의 액류가 절단되어 「성형액제」가 된다.
성형액제는 중력으로 낙하하면서 표면장력에 의하여 구체로 되어 더욱 낙하하면서 냉각, 고화해서 성형된다.

캅셀제를 경사체에 의하여 냉각매와 분리하고 냉각한 다음 세척하여 건조한다.

표Ⅷ-3. 연질캅슐제조기의 특징

항목	Rotary 법	Seamless 법
제조방법	미리 gelatin sheet를 만들고 약액을 주입하여 압축성형함.	2중 노즐에 의하여 생성한 2층 유축액을 절단하여 표면장력으로 구형화 함
충전약액	용액에서부터 고점도의 paste상까지 충전가능 충전량의 범위가 넓음	용액 충전량이 적음
젤라틴	고점의 gelatin액 사용 압축성형후외 불요 gelatin 손실 큼	저점도의 gelatin액 사용 Gelatin액의 손실 적음
캅셀형상	각종 모형 가능	구형
중량편차	적다	크다
?관	Sheet가 접착된 이음매 있음 두 종류의 색상 가능	이음매가 없음 한가지 색상만이 가능
기타	Gelatin sheet조제시 일정한 온습도 유지 필요 이음매로부터 약액 노출하는 사례있음	액정형성시 두께편차 생성으로 강도저하 가능성

6. 캅셀제의 성질

경질 캅셀은 보통 10~15%의 수분을 함유하고 있으며 보관 습도에 의해서 변한다. 고습에서는 수분을 흡수하여 연화, 팽창, 변형하기 쉽고 캅셀끼리 또는 포장용기와 부착하기 쉽다. 저습에서는 수분을 방출하여 수축하고 부서지기 쉽다. 캅셀은 RH 50%에서 보관하는 것이 좋으며 RH40%에서 수분 변화가 가장 적다.

친수성의 약제는 캅셀에 침투하여 캅셀의 조성과 반응하고 캅셀의 외관이나 붕해도를 나쁘게 하며 함량이 저하하는 경우도 있으므로 유의할 필요가 있다.

기밀 포장으로 한 캅셀제의 수분의 이동방향은 캅셀과 내용 약제와의 흡습성의 상대적 강도에 의해서 결정된다.

연질캅셀의 경우는 고습에서 이음새가 떨어지기 쉬우며 내용 약제가 흡습성이면 캅셀이나 외기의 수분이 약제로 이행하여 분해를 일으키고 또 붕해를 연장시키는 일도 있다.

7. 캅셀제(Capsules)

1) 검사항목별 품질관리

이 제제는 경질 및 연질의 두 가지로 나눌 수 있으며 검사 항목별 시험 항목은 정제에 준한다.

다만 질량편차에서 함량기준이 표시량에 대한 허용편차 10%를 넘거나 두가지 성분 이상을 함유한 복합제를 소개하면 다음과 같다.

① 경질 캅셀제

제제 20개를 가지고 질량을 정밀하게 달아 평균질량을 계산할 때 그 값과 개개의 질량과의 편차가 10% 이하일 때 적합하다. 다만 이 범위를 벗어날 때에는 제제 20개를 가지고 개개 질량을 정밀하게 단다. 이 때 개개 캅셀에 번호를 기록하는 등으로 식별하여 각 캅셀과 질량이 대응하도록 조심한다. 캅셀을 열어 내용물을 작은 붓 등으로 제거하고 개개의 빈 캅셀의 질량을 정밀하게 계근한다. 개개의 캅셀 질량에서 대응하는 빈 캅셀의 질량을 빼어 캅셀 내용물의 질량으로 한다. 20개 개개 내용물의 질량을 구하여 평균 질량을 계산할 때 그 값과 개개 질량과의 편차가 평균질량의 10%를 넘는 것이 2개 이하이고 25%를 넘는 것이 없을 때 적합하다.

② 연질 캅셀제

제제 20개를 가지고 개개의 질량을 정밀하게 단다. 이 때 개개의 캅셀에 번호를 기록하는 등으로 식별하여 각 캅셀과 그 질량이 대응하도록 조심한다. 캅셀을 열고 그 내용물을 에테르 등의 휘발성 용매로 씻어 낸 다음 여과지 등으로 빈 캅셀에서 용매를 가볍게 제거하고 실온에서 방치하여 캅셀에 묻어 있는 용매를 제거한다. 이 때 캅셀이 흡습 또는 건조되는 것을 피한다. 개개 빈 캅셀의 질량을 정밀하게 달아 개개의 캅셀 질량에서 대응하는 빈 캅셀의 질량을 빼어 그 캅셀 내용물의 질량으로 한다.

8. 제조공정도(Hard Capsule 기준)

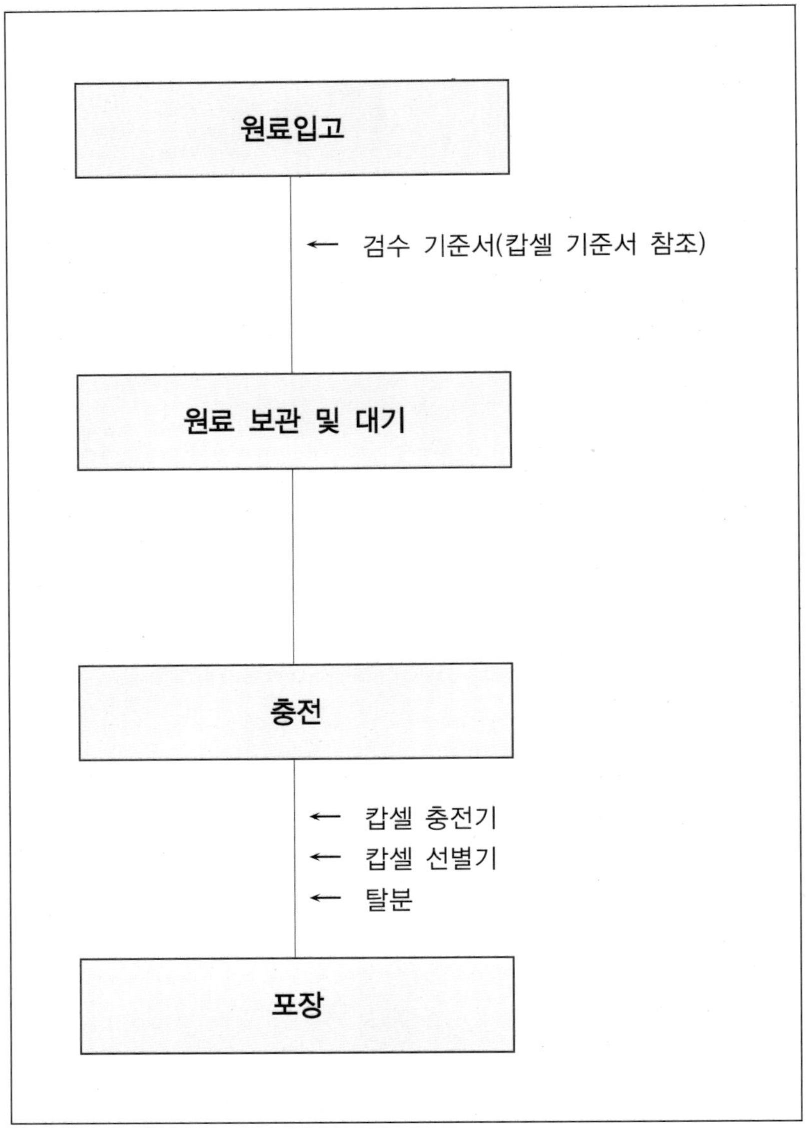

원료입고-검수

1) 캅셀 제품은 건강 기능성 식품 전문제조업 허가를 취득한 회사에서만 생산 가능한 제형으로서 recipe에 의해 사용되는 원료는 정확한 유통 및 제조 확인서 관리가 되어야 하며 입고 원료 중 가공 원료는 공인 기관에서 검사된 시험 성적서를 건강 기능성 식품법에 준해 확인 접수되어야 한다.

2) 캅셀 제조회사도 건강 기능성 식품법에 준한 수량, 기준, 판매처 및 공인기관 시험 성적서를 첨부하여 납품되어야 하며 사후 관리를 위한 상호 기록 보관 되어야 한다.

충전

1) 충전 공정실 점검(청정 구역, 양압 +++)
충전을 위해 작업실의 환경조건은 다음과 같으며 주의사항을 표에 표시한다.
- 온 도 : 23±3 ℃
- 습 도 : 53±5 %
- 공 조 : 양압 +
- 공기흐름 : 20 이상/HR

표Ⅷ-4. 충전기 사용시 주의사항

<table>
<tr><th colspan="3">캅셀 충전기</th></tr>
<tr><td>작동방법</td><td>1. 전기누전 상태를 확인한다.
2. 청소상태를 점검한다.
3. 기계 이상 유무를 확인한다.
4. 주유상태를 확인한다.
5. 조임상태가 양호한지 점검 확인한다.
6. 380V 전원코드를 연결한다.
7. 3상 220V 변압기 스위치를 올린다.
220V 전원코드를 연결한다.
8. 측면 메인 스위치를 돌린다.
9. 진공 청소기를 기계 뒤쪽 하단에 연결한다.
10. 콘트롤 박스에 DOOR를 좌측 방향을 연다.
CAP PRES 우측방향으로 조정한다.
VACCUM은 ON 한다.
MOTOR는 ON하면 작동한다.
11. 1차 기계 작동이 정상인지 확인한다.
12. 캅셀 호퍼에 캅셀을 투입한다.
13. 반제품을 호퍼에 투입한다.
14. 시험운전하며 중량을 조절나사로 조정한다.
15. 탈분기와 선별기를 연결한다.
16. 이상이 없을 시 제조기록서를 확인하며 작업한다.</td><td>※주의사항
1. 작업자는 작동 중 안전카바를 열지 말것(안전장치)
2. 고장시는 반드시 1인이 작동 점검해야 하며 2인 점검시 반드시 구호로 확인하면서 할 것
3. 회전축에 감길 수 있으니 주의
4. 상하 공구에 찍히거나 압착될 수 있으므로 주의</td></tr>
<tr><td>청소방법</td><td>1. 진공청소기로 분진을 흡입한다.
2. 에어컨으로 분진을 불어낸다.
3. 캅셀호퍼를 세척시로 이동시켜 온수로 세척한다.
4. 정제수로 헹구고 소독가아제로 닦는다.
5. 기계 구석부분을 솔로 청소한다.
6. 기계 내·외부를 70% 에탄올을 분사하여 소독가아제로 닦고 건조시킨다.</td><td>※확인
1. 건조상태 확인
2. 소독가제로 문질러 오염물이 묻어나지 않으면 사용</td></tr>
<tr><td>청소도구 및 약품</td><td>도구 : 진공청소기, 에어컨, 솔, 소독가아제
약품 : 70% 에탄올</td><td>※청소주기
제품 변경시
작업 종료시</td></tr>
</table>

2) 충전작업(GMP 제조 관리 기준서에 준함)

① 공정 표시서를 부착한다.

② 검수 합격된 원료 캅셀의 성상 및 외관상태를 확인하고 표준중량을 재측정하여 규격 여부를 점검한다.

③ 이상 유무 검사가 끝나면 CIP 완료된 캅셀 충전기 Hopper에 캅셀을 투입한 후 캅셀 분리 등 기계적 점검을 시행한다.

④ 다시 한 번 반제품 원료를 소량 투입하여 충전기 검체 test를 시행하면서 제품 규격 중량을 확인한다.

※ 제품 중량은 20 EA 기준 중량을 $\bar{A}$ (평균중량)으로 관리한다.

⑤ 충전 규격 관리를 위한 check sheet 작성

※ 특이사항
캅셀 작업은 건강 기능성 전문제조업에서만 생산 가능한 제형으로서 특히 규격 관리가 필요.(미생물, 성상, 함량, 붕해도, 수분)

3) 탈분 작업

정상 충전된 캅셀은 탈분기를 통과시켜 캅셀 표면의 원료 잔존분을 완전히 제거한다.

4) 캅셀 선별 작업

선별을 위해 사전에 준비하여야 할 사항과 주의사항에 대해 기술하였다.

① 공정 작업서 부착

② 탈분된 캅셀은 선별기 Hopper에 투입 1차 test 선별을 시행한다.

③ 시험선별 기준 규격서에 맞는지 확인한다.

④ 선별기를 작동시켜 1차 Air suction 선별로 2차 육안 선별 시행한다.

⑤ 선별된 캅셀은 수율 관리를 위한 check 기록한다.

⑥ 선별된 반제품 캅셀은 청결 용기에 투입후 반제품 창고로 이동하여 시험 의뢰서를 작성하고 품질 담당자에게 검체 채취를 통보하고 시험중 라벨을 부착 관리한다.

⑦ 작업이 종료되면 CIP 작업.

표Ⅷ-5. 선별기 사용시 주의사항

캅셀 선별기		
작동방법	1. 전기누전 상태를 확인한다. 2. 청소상태를 점검한다. 3. 기계 이상 유무를 확인한다. 4. 220V 전원코드를 연결한다. 5. 진공호스를 연결한다. 6. 반제품을 호퍼에 투입한다. 7. SHAIN MOTER 스위치를 ON 한다. 선별등을 켠다. 진동모트 스위치를 ON 한다. 8. 진공호퍼의 높이를 조절하여 공캅셀이 잘 흡입되게 한다. 9. 선별작업의 문제가 있을 때 Roller moter를 작동 역회전하여 선별한다.	※주의사항
청소방법	1. 진공 청소기로 분진을 흡입한다. 2. 호퍼 및 진공호퍼를 분해하여 세척실로 이동시켜 정제수로 세척한다. 3. 70% 에탄올을 분사하여 닦는다.	※확인 1. 건조상태 확인 2. 소독가제로 문질러 오염물이 묻어나지 않으면 사용
청소도구 및 약품	도구 : 걸레, 진공청소기, 소독 가아제 약품 : 70% 에탄올	※청소주기 제품 변경시 작업 종료시

IX. 과립 기술

1. 발전과정

과립작업은 각종 영역의 경험적인 기술로서 발전하고 있는 경우가 많다. 건강기능식품에 있어서 과립은 소량다종 생산, 안정성의 확보, 효능의 보증, 제조효율성의 개량 등이 요소를 배경으로 하여 발전하여 왔다. 이러한 배경하에서 종래에는 압출조립법, 파쇄조립법 등이 주로 사용되어 왔으나, 상호오염의 방지, 결합제의 수용매화, 수율의 향상 및 자동화에 유리한 유동층조립법, 성력화한 건식파쇄조립법 그리고 교미와 서방화 등 다목적의 Coating에 적합한 원심유동형조립법 등 새로운 기술이 개발되어 보급되고 있다.

조립기술의 발전과정을 살펴보면 다음과 같다.

A. 1960년대 및 그 이전의 제조과정

칭량 ──→ 사과 ──→ 혼합 ──→ 연합 ──→ 과립

건조 ──→ 정립 ──→ 활택제 혼합 ──→ 보관 ──→ 타정

B. 1980년대의 표준적인 제조과정

칭량 → 혼합, 연합, 과립 → 건조 → 활택제 혼합 → 보관 → 타정
(전단혼합기) (유동층건조기)

C. 1990년대 및 그 이후의 표준적인 제조과정

칭량 → 혼합, 연합, 과립, 건조 및 활택제 혼합 → 타정
(가공제조기 processor)

2. 과립공정의 분류

과립방법은 보통 습식법이 적용되고 있는데 조립에 미치는 중요한 요인의 하나가 결합제이다. 결합체의 종류, 농도, 첨가방법(액 또는 분말) 등은 과립속도나 과립이 특성에 밀접한 관계가 있다. 따라서 원료분말의 특성에 맞는 결합제의 선택이 필요하며, 아래의 표는 결합제의 종류를 나타내는 것이다.

일반적으로 습식법을 이용하지만 열 또는 습기에 불안정한 약물에 대해서는 건식법으로 과립을 만든다. 습식조립의 경우에는 결합제의 종류, 농도, 첨가방법 등에 의하여 과립의 성질이 달라진다는 점에 유의해야 하고 소수성 약물의 붕해시간을 단축하기 위해서는 corn starch, Na-CMC 등 붕해제나 또는 sodium laury sulfate 등 계면 활성제를 연합하기 전에 첨가하면 효과가 있으나 주약의 안정성 또는 분석에 미치는 영향을 고려해야 한다.

습식조립에는 조립중에 주원료가 결합 제용매에 접촉 또는 용해하여 석출하는 일, 조립후의 건조 시 열에 의하여 polymorphism이 일어나는 경우 등이 있으므로 결정다형(polymorph)의 검토가 필요하다.

정제용 과립은 적당한 경도와 수분(2～3%)을 가지고 있어야 좋은 정제를 제조할 수 있다. 과립의 입자경이 크면 유동성이 개선되어 충전성이 좋아지는데, 제조하는 정제의 크기에 따라 차이가 있으나 보통 35～60 mesh 통과 크기의 과립이 적당하다.

입도분포는 충전성과 밀접한 관계에 있으며 폭이 좁은 정규분포는 가는 과립이 균일한 충전성을 나타낸다. 적당량의 분말이 혼재하는 것은 입자간의 공극을 메우는 동시에(충전성의 향상) 새로 생성하는 입자간의 물리적 결합에 기여한다.

입자의 형태는 유동성, 충전성의 측면에서는 구형입자가 좋으나 압축타정시에 생성하는 입자간의 기계적 결합에는 표면에 다송의 요철이 있는 편이 좋다.

과립을 압축타정할 때는 어느 정도 과립이 파괴되어야 하면 너무 단단해서 파괴되지 않으면 만족한 경도를 갖는 정제를 얻을 수 없다.

표 IX-1. 과립에 사용되는 결합제

조립법	분류		대표적 결합제
습식 조립법	수용성, alcohol 불용성		전분류(전분 paste로서), 알파전분, dextrin, arabia gum, gelatin, Na-CMC(Carboxyl methrl cellulose), methyl cellulose, PVA(Poly vinyl alcohol)
	수용성, alcohol 가용성		PVP(Poly vinyl pyrrolidone), HPMC(Hydroxy propyl methyl cellulose), HPC, PEG(Poly ethylene glycol)류
	alcohol 가용성 물불용성	산, alkali 불용성	ethyl cellulose, PVAc(Poly vinyl acetate), Eudragit-RS
		산 가용성	Eudragit-E, AEA(Amin epoxy adduct)
		alkali 가용성	CAP, Eudragit-L(일반 상품명), HPMCP(Hydroxy propyl methyl cellulose phthalate), HPMCAS(Hydroxy propyl methyl cellulose acetate succinate), CMEC(Carboxyl methyl ethyl cellulose)
가열 조립법	수용성, alcohol 불용성		PEG 6000
	물, alcohol 불용성		고급 지방산(stearic acid 등), 경화유, 글리세린 지방산 ester
건식 조립법	물, alcohol 불용성		avicel, 부분알파화 전분, HPS(HP-sultate), L-HPC(Linear-HPC), NS-300(일반 상품명), ECG(Ethyl cellulose glycol) 505, Explotab(일반 상품명), Ac-Di-Sol(일반 상품명), Kollidon CL(일반 상품명)
			습식조립에 사용되는 결합제(dextrin, methyl cellulose, PVP, HPMC, HPC, PEG, PVA 등)

3. 과립방법

과립의 제조방법은 습식법과 건식법으로 대별된다.

습식법은 원료분체를 액체로 습윤시켜 그 부착응집력에 의하여 조립하는 방법인데 건식법에 비하여 외관이 미려하고 마손도가 적은 과립을 얻을 수 있다.

건식법은 원료분체를 그대로 압축하여 slug 또는 sheet상 물질로 성형하고 이것을 적당한 입자경으로 파쇄하여 조립하는 방법인데 물 또는 열에 불안정한 의약품에 응용된다. 그 외에 가열하면 응용하는 결합체를 사용해서 가열하여 조립하는 가열법과 microcapsule화법도 있다.

1) 습식 조립법

① 압출법

원료분말에 결합제용액을 가하여 연합하고 연합물을 구멍이나 망으로 압출하여 조립하는 것이다.

■ 특징

과립의 형상과 크기가 일정하고 수율과 밀도가 높으며 원하는 입도의 과립이 한 공정으로 얻을 수 있다. 또, 기종에 따라서는 구형과립의 제조도 가능하다.

■ 조립에 영향을 주는 요인

- 원료특성
- 결합체의 용매종류 및 양
- 압출속도
- 체의 길이, 직경 및 개공율
- 조립기의 종류

■ 과립제의 조성

원료명	주원료 A	주원료 B	주원료 C	유당	옥수수 전분	L-HPC	계
처방량 (㎖)	250	200	30	883	221	16	1600

② 혼합교반법

원료분말에 결합제 용액을 가하여 교반하면서 과립하는 것이다.

■ 특징

조립이 저속, 저 전단, 저에너지로 일어나므로 수동에 의한 연합, 조립에 가깝다. 따라서 scale-up할 때 문제가 적은 것이 특징이며 과립은 고르지 않다.

■ 특징조립에 영향을 주는 요인

- 원료특성
- 결합제의 용매종류, 양 및 첨가방법
- 조립시간

③ 고속혼합교반법

원료분말을 고속으로 혼합, 교반, 유동시키면서 결합제용액을 가하여 조립하는 것이다.

■ 특징

이 방법의 특징은 조립시간이 몇분에 불과하며 처리량이 크로 조립기 1대로 혼합에서 조립까지 할 수 있다는 점이다. 그래서 공정이 단축되고 폐쇄식이며 조작이 간단하여 많이 보급되고 있다.

이 방법에서 주의할 사항은 고속교반에 의해서 열이 발생하고 조립속도가 빠르기 때문에 조립의 제어가 곤란한 점, 정확한 결합제 용매량을 결정하기 어렵고 과립의 겉보기밀도가 변동하기 쉬우며 그로 인해서 제품의 품질특성(용출속도, 성형성 등)이 영향을 받기 쉬운 점 등이다.

■ 조립에 영향을 주는 요인

- 원료특성
- 원료입자의 입자경 및 입도분포
- 결합체의 용매종류, 양 및 첨가방법
- 회전속도
- 조립기간
- 교반기의 각도 및 형상
- 장치의 구조

④ 유동층법

공기류에 의하여 원료분말의 유동층을 형성하고 건조하면서 그 층속으로 결합제 용액을 분무함으로써 액체가교를 만들어 입자끼리 부착, 응집시켜 조립하는 것이다.

■ 특징

이 방법의 특징은 혼합, 조립, 건조가 폐쇄시스템에서 이루어져 교차오염의 염려가 없고 GMP에 적합하다. 조립시간이 30~60분에 불과하고 자동화, FA용에 알맞으며 유동성, 성형성이 좋다. 그리고 건조가 빠르고 붕해와 용출이 빠르며 입도분포가 고른 과립을 얻을 수 있다.

과립의 겉보기 밀도가 얕고 강도가 작은 과립이 만들어지며, 다른 조립법에 비해서 원료물성의 영향을 받기 쉬운 점, 조립성에 미치는 요인이 많은 점 등 조립관리에 고도의 기술을 필요로 하는 특징이 있다.

■ 조립에 영향을 주는 요인

- 원료특성
- 원료의 입도, 입도분포 및 겉보기 밀도
- 결합제의 용액농도 및 용매종류
- 분무 액 직경 및 그 분포
- 분무속도
- 분무 nozzle 위치
- 조립중 과립의 수분
- 흡기풍량
- 흡기 및 배기의 온도 및 습도
- 분무방법
- 용기의 내압
- 용기의 온도
- 투입량
- 조립시간

⑤ 전동기법

습윤시킨 분입체를 진동면에 넣어 진동시켜 구형입자를 조립하는 것이다.

■ 특징

입도분포가 균일한 구형과립이 높은 수율로 얻어지며 scale up이 용이하다. 또 조작이 간단하며 분말의 coating도 가능하다. 과립으로부터의 약물 용출속도의 제어도 용이하므로 서방성 과립의 제조에 적합하다.

■ 조립에 영향을 주는 요인

- 원료특성
- 결합제의 농도 및 용매종류
- 분무 액 직경 및 분무속도

- 입자표면의 습윤도
- 장치의 회전수 및 혼합분산성
- 분말의 온도
- 조립시간

⑥ 그 외 과립법 - 분무법

이것은 용액, 현탁액 또는 유탁액을 열풍중에 분무하면 순간적으로 건조하여 자유유동성을 갖는 구상 또는 입상의 과립을 얻는 방법이다.

4. 공정순서

과립
(과립 공정순서를 그대로 적용)

↓

타정

원료보관

1) 건조 완료된 허브류 원료는 필요에 따라 규격적합 실험을 검수 기준서에 의해 실시하고 검사진행 라벨을 부착별도 관리한다.

2) 원료창고 조건은 GMP 기준에 의거 관리하여야 한다.

- 실내온도 : 23±2℃
- 습　도 : 53±5%
- 공기흐름 : 차압(-)
- 청 정 도 : 10만 이하

칭량

식품 산업에서는 recipe에 의한 정확한 계근이 완제품의 완성도를 높이는 한 방법으로써 매우 중요한 공정이며 GMP 기준에 의거 시행한다.

- 일반적으로 가공원료는 주원료 부원료를 구분하여 계근하여야 하며 계근에 필요한 용기는 계근 중량, 용량에 따른 규격별로 비치하여 위생적으로 관리한다.
- 원료계근 중 오염을 예방하기 위해 기본적으로 별도의 구획된 공간에서 공조를 작동시켜 관리하여야 하며 계근전담요원을 배치 측정오차발생을 없애는 작업이 되어야 한다.

〈 주요 Check Point 〉

- 가공분말원료 : 계근중 발생되는 분진 제거를 위해 국소 배기설비가 요구되며 계근을 위한 사용도구는 필요에 따라 자체 개발된 지그 등을 사용 관리하는 것이 효율적 정량 계근 관리하에 작업이 진행될 수 있다.

- 액상원료 : 계근 중 발생될 수 있는 액상유출의 사후 위생관리가 용이하도록 STS 재질의 작업대를 사용하여 관리하여야 하며 사용도구는 효율적 정량계근 관리하에 작업이 진행될 수 있다.

- 허브류(한약재) : 모든 약초는 자연 상태에서 건조 보관되었으므로 필히 세척 재건조 과정을 거친 후 사용하여야 하며 건조 후 함수율은 3%이하 관리되어야 곰팡이 등 원료의 2차 오염을 줄일 수 있다.

〈 칭량 시 주요점검 사항 〉

- 원료보관상태
- 소분기구, 용기 청결상태
- 저울 보정 관리상태(점검 기록서 등)
- 집진기 가동
- 허브원료의 합격 여부 판정 라벨 확인

절단 & 분쇄

1) 분쇄 공정실 사전 점검 사항

① 분쇄실 청소 청결상태

② 공조작동에 부하 상태(음압 -)

③ 분쇄기 청소 및 집진기 작동여부 점검

④ 작업전 복장(머리망, 원피스, 마스크 등)

⑤ 분쇄 기록서 등 check sheet 작성

2) 절단

정상입고된 허브원료의 크기 확인. 필요에 따라 약 8㎜ 정도크기로 절단하며 분쇄기 부하도를 사전에 축소시킨다.

3) 분쇄

① 절단된 허브원료는 pin crucher에서 일정크기로 분쇄한다. 이때 사용되는 punching mesh 규격을 기계적 부하 및 원료 품질에 따라 2~4회 점차적으로 미세 분쇄한다.

〈 분쇄기 punching mesh 관리 기준 〉

- 1차 분쇄 : 80~100 목(目)
- 2차 분쇄 : 200~300 목(目)
- 3차 분쇄 : 500 목(目) 이상

② 분쇄된 상태를 recipe 규격접합여부를 확인 공정관리기록서에 작성하며 품질관리실에서는 분말 입도검사를 실시한다.

③ 정상 분쇄된 허브원료는 별도 보관용기에 투입한 후 대기실에서 대기한다.

혼 합

제품 recipe에 따라 주원료와 부형제를 일정비율대로 혼합한다.(Horizontal mixer)

〈특이사항〉

혼합원료 특성에 따라 정제수투입량과 주정비율을 조정하여야 하며 혼합시간도 제품별 조정관리 하여야 한다.

※ 혼합실(청정구역)

- 온 도 : 23±2℃
- 습 도 : 53±5%
- 공조기준 : 음압 (공기회전 20회/HR)

과 립

1) 작업전 확인 사항

① 작업장 온습도 : 23±2℃ , 55±5%

② 작업장 청소상태 확인 후 제조기록서에 부착

③ 작업복장 점검

2) 과립작업

① 공정 표시서를 작성﹑부착한다.(GMP)

② 혼합된 반죽물을 1.2～1.4㎜ 다공판이 부착된 로타리 과립기로 과립한다.

③ 생산되는 과립 상태를 확인하면서 1차 정립한다.(굵기, 길이, 형태 등)

건 조

① 공정 표시서를 작성、부착한다.(GMP)

② 열풍 건조기를 이동 70±5℃에서 12±2시간 건조시킨다.

③ 건조 후 과립의 수분함습도를 확인한다.(일반적으로 5~8% 관리)

정 립

공정 표시서 부착과 함께 건조된 과립을 일정규격으로 정립한다.

타 정

정립이 끝나면 제품의 제형에 따라 정제 혹은 포장 작업을 시행한다.

X. 환제 기술

허브원료를 주원료로 하여 혼합하여 가수하고, 주형으로 만든 원형 제제이며, 주로 구강섭취에 사용된다. 중량은 제피를 빼고 보통 80～1000㎎이다.

1. 특징

1) 주형이며, 부피가 작기 때문에 복용이 용이하고, 휴대에도 편리하다.
2) 제제 중에서는 다른 제형보다 수분 함량이 많기 때문에 수분에 의하여 변화를 일으키는 것에는 주의가 필요하다.

2. 제환법

환제의 제환법으로는 연동식 조립법, 원심조립법이 있다.

1) 연동식 조립법

혼합 마지막에 적당히 가온을 하여 가소성 점탄성을 갖는 환제를 만든다. 이것을 1화에 상당하는 기로 분할하고, 2개의 평판, 혹은 벨트에 이것을 끼우고 연동시키면서 제환 한다. 넓게 일반적으로 쓰이는 방법이다.

2) 원심 조립법

원주장의 용기의 하면이 고속회전하며, 그 속에 핵이 되는 물질을 넣고 외벽을 회전시킨다. 여기에 Binder액을 불어넣으면서 혼합분말이 부착하기 시작한다. 간격을 두고 바인더액의 불어 넣은 것, 혼합분말 첨가, 건조용 열풍의 송풍을 되풀이함으로써 주형이 서서히 성장하며, 희망하는 중량, 입도의 것을 얻는다.

3. 첨가물

1) 부형제

보통 쓰이는 것으로는 전분류, 당류(포도당, 유당)가 있다. 그러나 생약분말은 그 자체가 부형제로서의 조건을 갖고 있는 것이 많기 때문에 부형제를 쓰지 않을 수도 있다.

2) 결합제

환제인 경우 결합제의 양과 성질은 환제의 용해성, 안정성에 영향을 미치기 때문에 선택에 주의를 요한다. 점성이 있는 봉밀, CMC액, 시럽:글리세린(1:1)이 사용된다.

3) 붕해제

보통 쓰이고 있는 것으로는 라미나리아, 한천 등이 있다.

4) 코팅

제환 직후의 성상은 수분(점성, 부착성을 갖는다)을 갖기 때문에 상호의 점착, 수분의 증발, 곰팡이가 발생할 염려가 있으며, 이것을 방지하고 또 이미, 이취을 감싸주는 목적으로 쓰이는 분말로서 보통 석송자, 탈크, 전분 등 입자가 미세한 것이 쓰인다.

제조공정흐름도(분말환제)

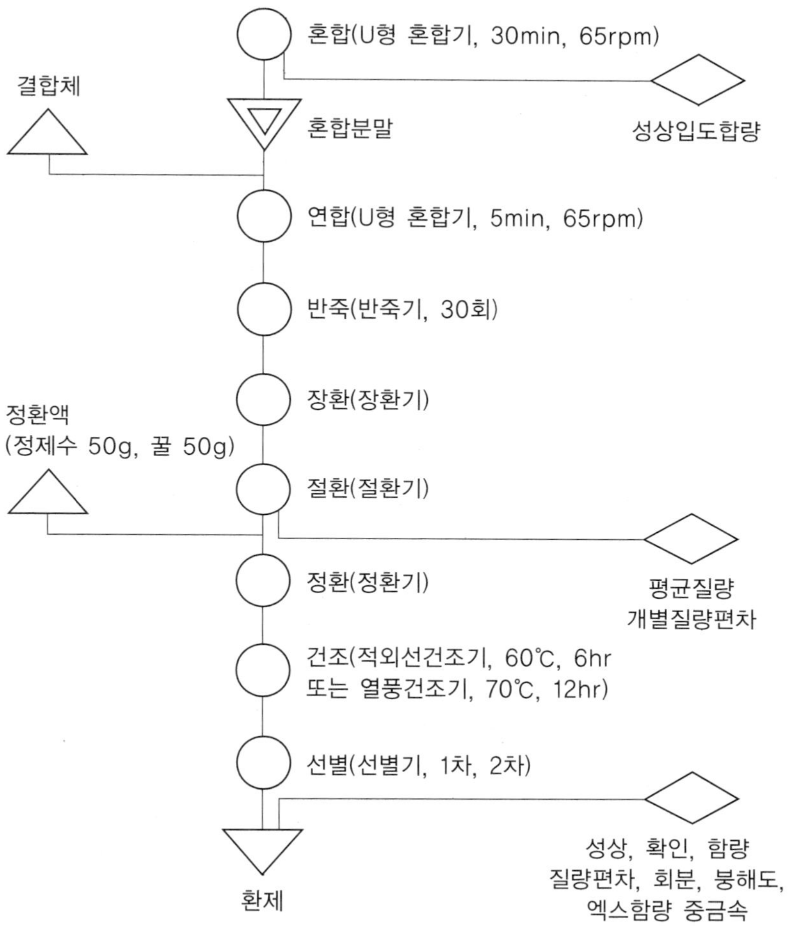

환제는 허브류를 이용한 recipe에 따라 한약재의 형태로 사용되었으나 최근에 건강 기능식품 법에서 한 제형으로 구성되어 그 수요가 급격히 증가하고 있으며, 과거 건강 보조식품에 사용되는 분말, 과립 등 경구 투입의 어려움을 환제 형태로 변환시킴으로 제품의 고급화 및 다양화로 발전되고 있다.

※ 특징 : 구형의 식품으로 부피가 작아 복용이 용이하고 휴대도 간편하다.

4. 공정 순서

원료입고-검수

1) 원료입고

구입된 원료는 원료 대기소로 이동전 외부 포장의 이물질을 제거(Air) 한 후 원료 검사 기준서 의한 이상 유무를 확인 점검한다. 이 때 이상 없다고 판단된 원료는 원료 대기소에 입고시킨다.

〈 1차 가공원료의 확인 사항 〉

- 제조일자(유통기한)
- 포장단위(중량 & 용량) 및 포장제철
- 식품유형 및 주의사항
- 원산지 표시
- 성분 조성표(필요에 따라 영양정보 포함)
- 사용설명서
- 보관조건(냉동 / 냉장 / 실온 / 상온)

2) 검수

시료의 용기(포대 혹은 CAN, 드럼, 박스 등)를 해체하기 전 외부 오염 방지를 위해 청결지역으로 이동 후 실행하거나 주변 소독을 위해 주정 75%를 골고루 분사하여 실행한다. 포장재의 특성에 따라 칼, 가위 혹은 위생장갑을 착용한 손으로 해체 후 원료별 기능에 따른 용기, 지퍼 팩 등을 사용하여 시료를 위생적으로 채취, 투입한 후 마지막으로 주정 spray 등 위생처리하여 포장원료의 해체 부분을 깨끗이 재 밀봉 처리한다.(보관 중 2차 오염 방지)

검수 결과 확인 되지 않은 원료는 별도 구획 장소에 보관하고 확인 후 정상 제품과 불량제품은 원료 관리 기준서에 의해 구분 관리하여야 한다.

칭 량

식품 산업에서는 recipe에 의한 정확한 계근이 완제품의 완성도를 높이는 한 방법으로써 매우 중요한 공정이며 GMP 기준에 의거 시행한다.

- 일반적으로 가공원료는 주원료 부원료를 구분하여 계근하여야 하며 계근에 필요한 용기는 계근 중량, 용량에 따른 규격별로 비치하여 위생적으로 관리한다.

- 원료계근 중 오염을 예방하기 위해 기본적으로 별도의 구획된 공간에서 공조를 작동시켜 관리하여야 하며 계근전담요원을 배치 측정오차발생을 없애는 작업이 되어야 한다.

〈 주요 Check Point 〉

- 가공분말원료 : 계근중 발생되는 분진 제거를 위해 국소 배기설비가 요구되며 계근을 위한 사용도구는 필요에 따라 자체 개발된 지그 등을 사용 관리하는 것이 효율적 정량 계근 관리 하에 작업이 진행될 수 있다.

- 액상원료 : 계근 중 발생될 수 있는 액상유출의 사후 위생관리가 용이하도록 STS 재질의 작업대를 사용하여 관리하여야 하며 사용도구는 효율적 정량계근 관리 하에 작업이 진행될 수 있다.

- 허브류(한약재) : 모든 약초는 자연 상태에서 건조 보관되었으므로 필히 세척 재 건조 과정을 거친 후 사용하여야 하며 건조 후 함수율은 3%이하 관리되어야 곰팡이 등 원료의 2차 오염을 줄일 수 있다.

〈 칭량 시 주요점검 사항 〉

- 원료보관상태
- 소분기구, 용기 청결상태
- 저울 보정 관리상태(점검 기록서 등)
- 집진기 가동
- 허브원료의 합격 여부 판정 라벨 확인

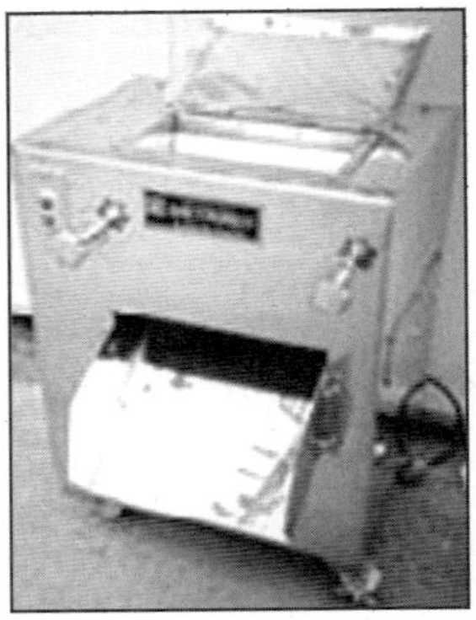

절단 & 분쇄

1) 분쇄 공정실 사전 점검 사항

① 분쇄실 청소 청결상태

② 공조작동에 부하 상태(음압 -)

③ 분쇄기 청소 및 집진기 작동여부 점검

④ 작업전 복장(머리망, 원피스, 마스크 등)

⑤ 분쇄 기록서 등 check sheet 작성

2) 절단
정상입고된 허브원료의 크기 확인. 필요에 따라 약 8㎜ 정도크기로 절단하며 분쇄기 부하도를 사전에 축소시킨다.

3) 분쇄
① 절단된 허브원료는 pin crucher에서 일정크기로 분쇄한다. 이때 사용되는 punching mesh 규격을 기계적 부하 및 원료 품질에 따라 2~4회 점차적으로 미세 분쇄한다.

〈 분쇄기 punching mesh 관리 기준 〉

- 1차 분쇄 : 80~100 목(目)
- 2차 분쇄 : 200~300 목(目)
- 3차 분쇄 : 500 목(目) 이상

② 분쇄된 상태를 recipe 규격접합여부를 확인 공정관리기록서에 작성하며 품질관리실에서는 분말 입도검사를 실시한다.

③ 정상 분쇄된 허브원료는 별도 보관용기에 투입한 후 대기실에서 대기한다.

혼 합

1) 작업장 온습도 및 차압, 환기 check

- 온 도 : 23±2℃
- 습 도 : 53±5%
- 공조기준 : 음압(-)
- 공기회전수 : 20회/HR

2) 혼합기 청결상태 점검

- CIP 주기 : 한 제품 시작 전 - 종료 후
- CIP 방법

① 온수로 혼합기 내에 충분히 채운 후 잠시 대기 Blade 부분의 구석구석부터 닦는다.

② 주정 75%를 사용 혼합기 내부에 완전히 도포 spray한 후 깨끗한 수건으로 닦고 건조시킨다.

③ 세척-소독된 후 cover를 덮고 대기한다.

3) 혼합 작업순서(Horizonta mixer)

① 작업 기준서와 공정 기록서를 작업장에 비치하여 시행하고자 하는 제품 규격에 대한 점검을 시행 전 확인한다.

② Recipe에 따라 준비된 허브 제분원료와 분말 첨가물 원료를 혼합기 내 투입하여 기준 시간에 따라 혼합한다.

〈특이사항〉

Mixer의 기능은 mixer 종류 및 Blade의 형태에 따라 다양한 차이를 나타내며 허브원료에 따라 사전 호화전분액을 첨가물로 투입 제형 작업을 원활히 할 수 도 있으며 Blade의 속도가변 기능으로 시간 조절 및 제품 고급화도 가능하다.

4) 혼합이 완료되면 공정 작업자는 혼합물의 시험의뢰를 하여 품질 담당자에 의한 확인검사를 시행한다.

제 환

1) 제환실 사전준비

① 제환실 점검(청결구역) - 작업장 온、습도 확인

- 온 도 : 23±2℃
- 습 도 : 53±5%
- 공조기준 : 양압(++)

② 작업장 점검을 완료한 후 제조기록서를 부착한다.

③ 작업자의 개인위생 및 복장 상태 점검한다.

2) 제환작업

① 제환기의 mould 및 기계적 결착상태를 점검하여 시운전을 통해 이상유무를 판단한다.

② 완제품 규격의 적합한 금형 및 규격을 점검한다.

③ 제환기 hopper에 1차 시운전용 혼합물을 투입하여 제한상태를 규격화시킨다.(중량, 색상, Capacity 등)

※ 특이사항

- 제환기는 자동 상태에서 혼합물 투입시 손 안전에 절대 주의하여야 한다.
- 구동부위는 필히 안전커버를 부착한 상태에서 작동시킨다.

④ 제환기를 통과한 환제는 표면이 거칠고 규격편차가 심하므로 제품 규격에 적합한 mesh board에서 정환시킨다.

⑤ 정환된 반제품의 중량을 확인한다.(20EA= 평균$\bar{A}$)

⑥ 적합한 규격 반제품이 확인되면 계속 작업한다.

3) 정환작업

① 정환실의 위생 및 청소상태를 확인한 후 작업 기록서를 부착 정환작업을 준비한다.

② 제환된 반제품을 정환기에서 당코팅, 색상, 형태 등을 완전히 깨끗한 형태를 정환한다.

※ 특이사항

정환작업은 제품특성에 따라 1차 건조후 시행할 수 도 있으며 건강식품이 아닌 일반 환제 및 미 코팅 제품은 제환 후 정환 작업이 이루어지나 코팅제품 또는 건강 기능식품의 전문성 및 기능 보조를 위해 정환 중 당액 등 코팅화 작업도 할 수도 있다.

건 조

열풍 건조기에서 수분 10%이하로 건조시킨다.

- 온　도 : 70±5℃
- 시　간 : 10±2시간(임의 조절가능)
- 투 입 량 : tray 별 10～20 ㎏

* 2차 정환 및 반제품 창고 이동

XI. 건조 기술

1. 개요

물(수분)을 함유하고 있는 모든 물질은 원심분리, 압력 등을 가하여 짜는 비교적 단순한 물리적 방법을 사용하지만, 식품의 경우는 각종 성분이 용해된 용액으로 존재하므로 건조기술을 활용한 다양한 방법으로 수분을 제거하여 식품의 유효성분과 보존성, 기호성, 안정성 등을 확보, 인간이 추구하는 건강욕구를 충족시키는 방향으로 발전하고 있다.
식품건조는 예측, 통제가 불가능한 태양, 바람 등 자연조건을 이용한 수분제거방법에서 수십 세기 동안 대륙과 대륙이동의 생존수단으로 발전되었고, 전 세계인들은 수확 후 남은 식품의 보존만이 불확실한 미래-가뭄, 기아, 야생 동,식물의 습격 등-를 극복 할 수 있다고 확신하였다.
따라서 20세기 이후의 식품건조는 더 이상 자연에 방치되는 것이 아니라 건조의 기본원칙인 수분 활성도를 낮추기 위한 통제된 열원, 냉원의 지속적이며 균일한 공급과 공기순환의 기술이 접목되었으며, 나아가 식품건조 과학으로 발전되고 있는 것이다.

2. 건조역사

1) 모든 식품은 예로부터 자연조건을 이용한 건조 시작.

① 고대 이집트

- 기원전 축육을 생체 또는 가열 후 일광건조하였다.
- 저장식품으로 콩, 포도를 말려 보관하였다.

② 잉카문명

- 감자를 얇게 잘라 밤에 찬 공기에 동결시키고, 낮에는 태양에 해동 건조하는 동결건조원리로 식품 보존하였다.

2) 17세기경 이후 식품을 건조하기 위한 유사 인공건조원리 도입.

① 페르시아-대추야자, 살구 등,

② 일본, 중국-생선, 계란, 쌀

3) 18세기 말부터 식물, 야채, 어패류의 건조식품 활용.

4) 20세기이후 식품건조기술의 정립과 식품 건조 과학으로의 발전.

3. 건조 메카니즘

1) 식품건조의 목적

목적	효과
1) 유효수분을 감소	▶ 보존성 향상

건조로 수분활성도를 감소시켜 미생물, 효소작용에 의한 부패와 변질을 억제시킨다.

목적	효과
2) 화학반응에 따른 변질억제	▶ 안전성 향상
3) 유효성분의 농축, 분말화	▶ 기호성증가(독특한 맛)
4) 중량, 부피 감소	▶ 수송, 포장 간편성 및 상품성향상

2) 건조 메카니즘

① 식품의 건조는 내부확산과 표면증발로 이루어진다.

수분을 균일하게 함유한 고형식품을 대기 중에 방치하면 먼저 표면에서 수분증발이 일어나 고형식품 내부와 수분 불균형이 생기고 이때 수분은 밀도가 높은 내부로부터 밀도가 낮은 외부로 이동확산(diffusion)하여 보충한다.

따라서 건조속도는 표면증발의 속도로 결정되며, 반대로 표면증발에 비해 내부확산이 느리면 내부확산 속도에 의해 결정된다.

이때 두께가 두껍고 내부확산이 느린 식품을 급격히 건조시키면 표면만 건조되는 표면피막경화(case hardening)현상이 일어난다.

② 항률건조 & 감률건조

■ 항률 건조기

식품건조에서 표면수분증발은 대기와 평형이 되기까지 어느 정도 감소되는데 큰 저항 없이 시간경과에 따라 일정하게 진행되는 건조기간으로서 건조속도가 매우 크다.

■ 감률 건조기

항률건조 후 내부확산이 일어나 저항이 생기고 시간경과에 따라 건조속도가 떨어지는 기간으로서

감률건조 제 1단계 : 시간과 건조속도가 직선으로 변화.
감률건조 제 2단계 : 마지막 건조의 곡선을 그리면서 평형함수율까지 건조하게 된다.

■ 건조 특성 곡선

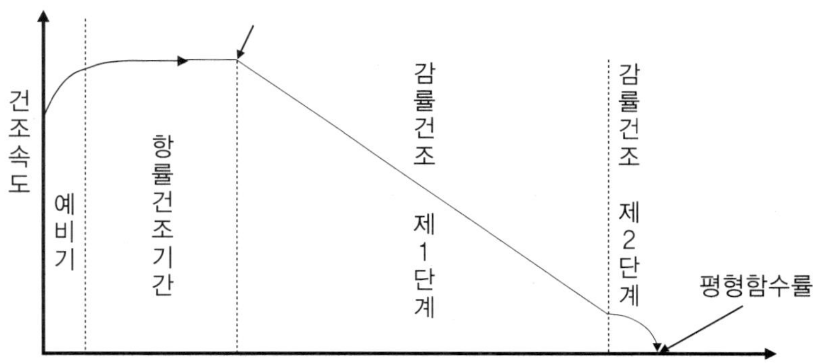

• 항률건조 단계 : 표면증발이 일어난다.
• 감률건조 1단계 : 표면증발과 내부확산이 동시에 일어난다.
• 감률건조 2단계 : 내부확산으로 건조의 마무리 단계이다.
• 한계함수율 : 건조속도가 큰 경우 내부확산이 어려운 식품에는 감률건조1단계가 거의 없다.

■ 항률 건조 & 감률 건조의 비교

	항률 건조	감률 건조
수분의 양	표면증발 - 내부 확산량	표면증발량 ≥ 내부 확산량
식품의 온도	거의 일정함	온도 상승
건조 속도	크다	감소
건조 속도 결정	표면 증발 속도	내부확산 속도
수분함량 범위	한계수분함량에 도달하기 전 상태	한계수분함량 도달한 후 상태
건조 요인	• 외적요인 : 건조속도, 공기온도 및 습도 • 내적요인 : 재료의 두께(표면적), 배열, 성분조성	

3) 건조속도에 영향을 미치는 요인

① 공기속도 : 빠를수록 일정한계까지 표면수분증발 가속

② 공기온도 : 높을수록 건조속도 증가, 공기 최대습도는 온도와 함께 급격히 증가함으로 적은 공기로 많은 수분제거는 온도 상승.

③ 습도 : 습도를 낮추면 그 온도에서의 최대수증기압 차이가 발생 건조속도가 빨라진다.

④ 기압 : 낮을수록 건조속도 증가. 0 물을 4.6mmHg 감압하면 끓으며, 얼음도 진공에서 승화속도 증가.

⑤ 공기방향 : 공기흐름이 식품표면과 수평 이동 시 가장 효과적임. 따라서 45도 경사는 직각의 공기흐름보다는 효과적임.

⑥ 식품크기, 모양 : 표면증발속도는 표면적에 비례하고, 내부확산속도는 두께 제곱에 반비례 한다.

⑦ 식품의 성질 : 식품조직 중 지방성분 또는 교질과 혼합된 식품은 느림.

4) 건조 설비 & 방법 (구조적, 기능적 분류)

식품의 건조설비는 식품의 물성, 제품의 제형, 성상 및 최종품질 등을 고려하여 결정되어야 하며

건조방법은 대상 식품의 열 감수성, 성상(고체, 분체, 입체, 액상)과 처리capa에 따라 결정되어야 하고,

건조 기술은 시장이 요구하는 기능성분과 안정성을 기준으로 발전되어야 한다.

① 건조 방법에 따른 분류

- 천인건조
  - 양건조, 음건조 - 건포도, 곶감, 수산 건어물등
- 인공건조
  - 가압(팽화 건조) : 가열 → 가압 → 분출 → 팝콘, 옥수수 튀김 등
  - 상압:
    - 자연환기 --천일건조 동일
    - 열풍건조 - 터널식, 선반식, 벨트식, 유동층 -- 각종식품
    - 분무건조 - 가압노즐, 원심분무 -- 커피, 분유, 향료
    - 포말건조 - 크레이트법, 스파게티법 -- 페이스트상식품
    - 피막건조 - 드럼, 벨트식 -- α화전분, 약용, 효모
    - 초단파건조 - 전자레인지 -- 수분이 적은 식품
    - 원적외선건조 - 긴파장 적외선 -- 상 동
  - 진공:
    - 동결건조 - 얼음 승화
    - 피막건조 - 드럼, 벨트방식
    - 분무, 교반건조 - 고급, 기능성 식품

② 건조 설비에 따른 경비

건조방법	1 Kg 물 증발에 필요한 비용(dollar)
열풍 건조	0.9
피막(드럼) 건조	1.5
분무 건조	3.0
진공 건조	4.0
동결 건조	6.0
진공 동결 건조	8.0

③ 건조 생물에 따른 분류

열 감수성	성상	처리량	건조방법
낮은 것	고체	대량	벨트형, 터널형 통기열풍 건조
		소량	상자형, 선반식 통기열풍 건조
	과립, 분체	대량	유동층, 통기 혼합형 건조
		소량	유동층, 상자형 건조
	액체	대량	진공분무 건조 드럼
민감한 것	3상	전체	진공, 동결 건조

④ 열풍 건조기

전기가열, 가스버너, 보일러 등의 열원으로 가열된 공기를 터보 팬 등으로 2~3m/sec의 강제 열풍으로 건조시킨다.

■ 케비넷식 건조기

소량(1~2ton/일)의 식품, 한약재 등의 일반적 건조방법으로서 가열공기의 수평, 수직이동이 용이하여 온도조절이 쉽고 공간활용도가 높다.

단점은 건조실내 위치에 따라 수분 편차가 많다.

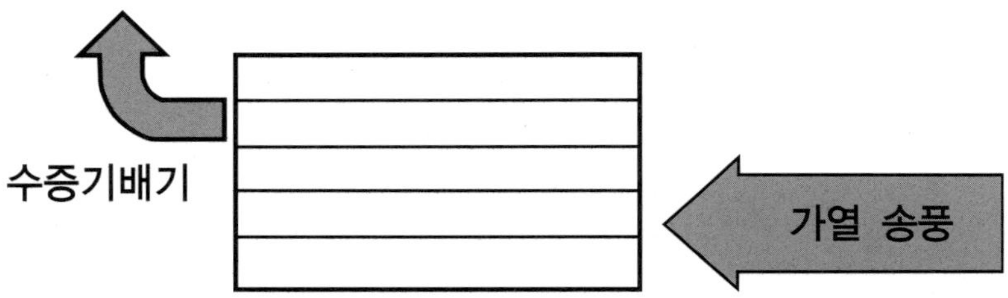

■ 터널 건조기

대량의 일반식품 건조에 활용하며, Tray & Carrier를 사용 연속생산 시스템을 가진다.

단점은 건조식품의 성분에 따라 건조시간 차이 및 chamber내 blowing각도와 편차로 인한 수분차이

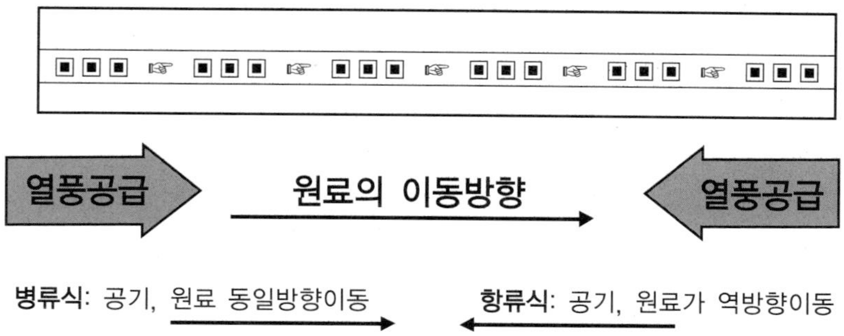

■ 콘베어 건조기

대량의 일반식품 건조에 활용하며, Tray&Carriar대신 STS혹은 내열성 Belt를 사용한 연속건조기로서 입방체의 과일, 채소, 스낵 등의 건조에 적용.

■ 콘베어 건조기 특징

ⓐ Belt상 열원의 고른 통과를 위해 적당한 크기로 절단.

ⓑ 감률 건조기간이 짧아 건조속도가 빠르다.

ⓒ시설비 과다 : 수분함량 10～15%까지 건조 후 Bin건조기사용.

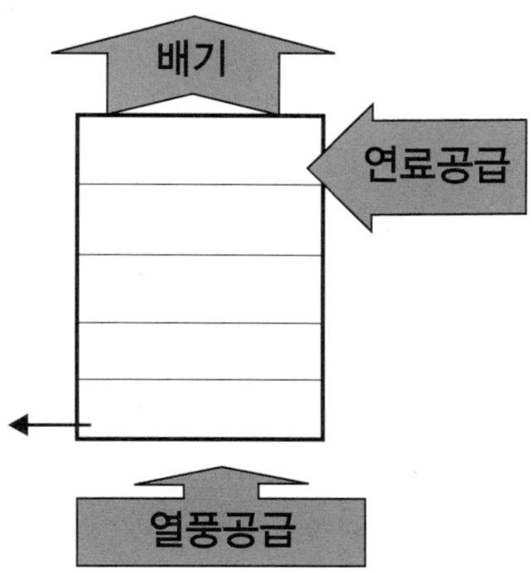

■ 유동층 건조기

부유식 건조기라고도 하며 MESH PLATE위에 피 건조물을 올려 외부에서 형성된 열풍을 날려 유체와 함께 건조시키는 방법으로 연속식 과 비연속식이 있다. 송풍방향에 따라 가압-감압상태로 건조 시킬 수 있다.

▶ 일반적 건강기능식품에 많이 적용되고 있다.

⑤ 분무 건조기

고형물을 용해 또는 현탁한 액상물질을 고온기류 중에 분무, 미립화시켜 분산하여 표면적을 크게 증대시켜 몇 초의 순간적으로 건조시키는 방법으로 19세기말 처음 고안된 후 그 용도와 대상제품의 성상 및 특성에 따라 다양한 형태의 분무건조설비가 개발되고 있다.

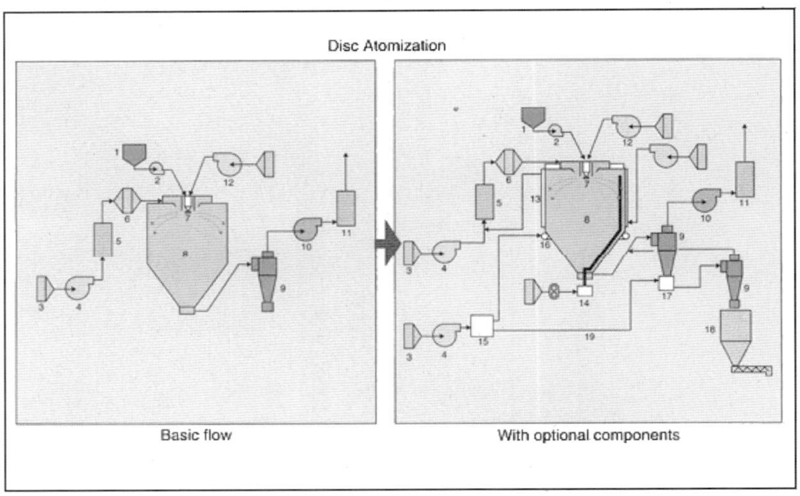

■ 분무건조의 특성

ⓐ 액체기화열로 인한 과열방지로 온도상승 억제되며, 짧은 시간 건조로 단백질 변성 억제, 영양분, 방향성분 등 열변성에 민감한 식품 건조.

ⓑ 구형의 다공질 입자생성 등 용해성, 분해성이 좋은 인스턴트 분말식품에 적용.

ⓒ 24시간 연속으로 대량생산 가능

ⓑ 액상물질의 직접 분말화로 공정이 단순하다.

■ 분무건조 방법

각 제품의 특성에 따라 Nozzle Air Disperser 방식과 Rotary Atomizer 방식이 있으며 각 제품의 특성에 따라 설비구조 및 방법이 따라야 하며 이때 입도, 성상, 밀도 등 고객이 요구하는 품질의 최종제품이 결정된다.

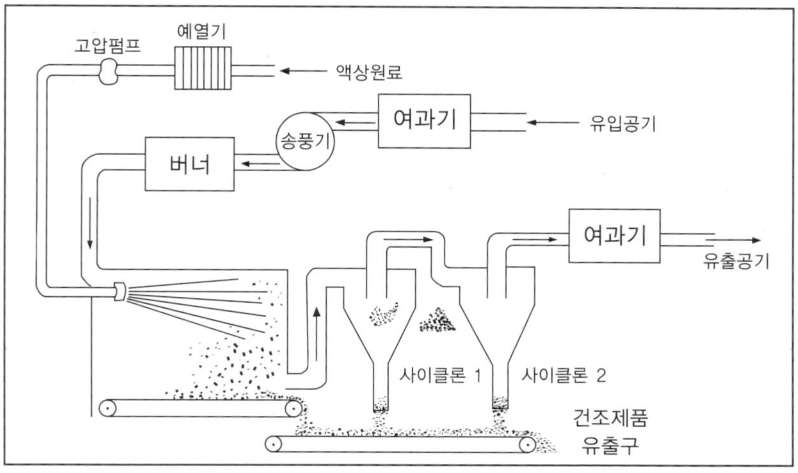

■ 노즐 분무식

ⓐ 0.2～1.2mm nozzle tip에서 고압으로 분출하는 방법으로 Exhaust 공기가 상부로 배출되면서 상부에서 분무되는 분무 액과 충돌하여 Powder끼리 서로 결합, 과립형성 방식.

용해도 및 유동성, 분산성, 침전성이 좋은 제품에 최적임.

- 커피, 분유, 과즙분말, 계란, 아미노산, 단백질 분말 등 모든 식품 및 인스턴트식품에 적합.

ⓑ 상부 nozzle에서 분무된 액체가 건조되면서 하부 MAT-(C/V Belt)에 안착 이송되는 방식으로 온도, 시간 조정에 의해 함수율 및 입자변환이 용이함.

- 고지방(버터, 치즈), 고당(포도당, 과당 등)의 건조에 적합.

■ 원심 분무식

5000～3만RPM의 고속회전원반의 원심력을 이용 액상식품을 비산시키는 방법으로서 상부에 Rotary Atomizer가 설치되어 있고 Chamber내부의 공기흐름은 상 하부로 흐르며 유입공기의 회전방향과 동일한 방향으로 회전되며 낮은 온도에서 부드러운 건조가 가능함.

⑥ 가압 건조기

팽화 또는 폭발 건조라고도 하며 가압, 가열 후 상압에서 분출, 순간적인 수증기 증발에 의한 건조방법임.

※ 특징 : 적당한 수분을 함유한(10～20%) 고형물을 고압, 고온상태에서 갑자기 낮은 압력 상태로 개방할 경우 그 수분의 비등점까지 고형물온도가 내려가고 이때 증발수증기의 팽창력으로 고형물이 순간적으로 부풀고, 조직에 균열이 생기고 감률건조기간이 짧아진다.

⑦ 원적외선 건조기

긴 파장(5～20㎛)을 이용한 건조 방법으로서 원적외선 흡수광선은 고형물분자에 침투, 공진하여 고형물의 H_2O결합을 파괴하여 수분증발을 촉진시키고, 고열에 의한 고형물성분의 파괴 등을 방지하여 고유의 맛과 향을 증진, 고품질의 건조물을 얻을 수 있다.

⑧ Microwave 건조기

전통적인 가열건조법에서의 비효율적인 현상에서 마이크로파 가열건조는 파장에 의한 선택적 침투로 열효율이 높아 단시간 가열되므로 영양소 파괴, 식품 열손상이 적고 장치, 취급이 간단한 장점이 있다.

※ 원리 : 극성인 물 분자와 반응하여 마이크로 파장의 방향에 따라 진행되는 분자를 수백만 번 상하 공진 되어 마찰열이 발생하여 발열 건조 시킨다.

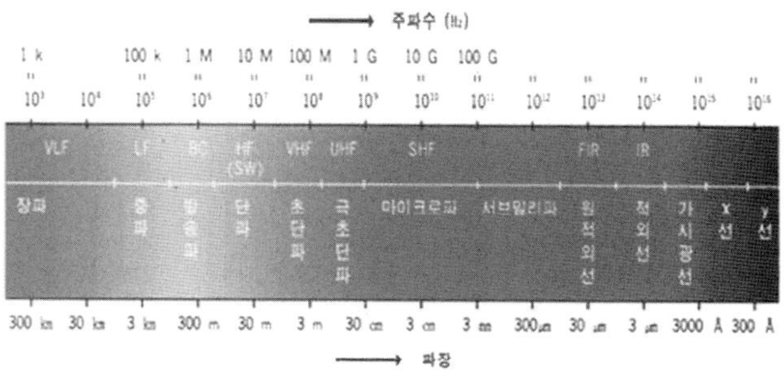

전자파의 분류

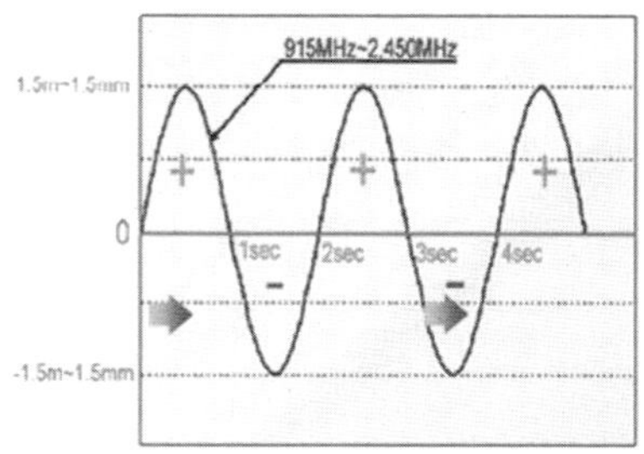

Microwave에 의한 물분자 반응

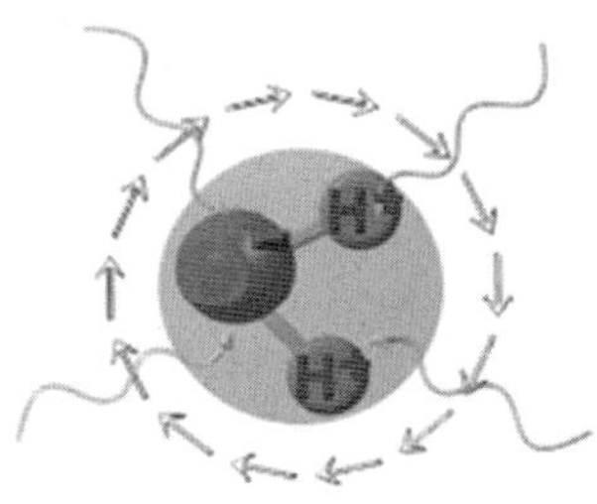

Microwave 파장변화

⑨ 진공 건조기

진공건조는 급, 배기가 가능한 밀폐된 chamber내 약 30～100 Torr의 감압에서 저온으로 건조하는 방법으로 동결 건조에서의 고압진공으로 인한 동력 증가문제, 승화와 같은 상변화 없이 열에너지적 이익을 가진다.

Example "pure" vacuum drying for a granulate with low water content

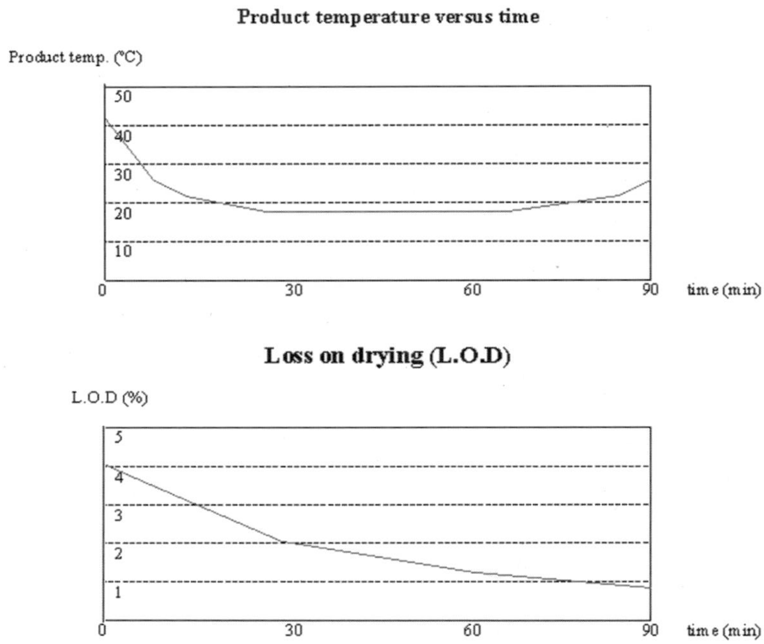

※특징

ⓐ 저온 건조속도가 빨라 풍미가 좋으며 맛, 냄새, 색 열화가 억제.

→ 오렌지과즙, 토마토 퓨레, 장류 등

ⓑ 영양성분의 분해 및 산화최소화

→ 맥아엑기스, 물엿, 꿀 등

ⓒ 발포현상으로 다공질의 과립성 2차 오염이 없는 위생적 제품

→ 고급커피, 스프 류

⑩ 진공 동결 건조기

■ 동결건조의 정의

- 식품의 고형 혹은 추출물을 동결 시킨 다음 고도의 진공 하에서 그 성분의 빙 결정을 직접 승화 시켜 순수 건조제품 (2%W/W이하)으로 만드는 방법임.
- 이때 건조된 물질은 승화된 얼음 결정체들이 남긴 공간, 즉 무수한 틈으로 수분 흡수가 용이해 re-Hydration (재수화)시 완전히 re-Solution 되는 동결건조의 특징을 가지고 있다.

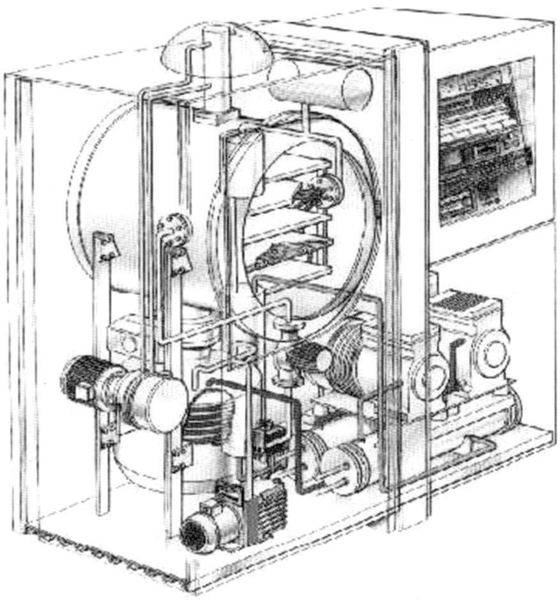

■ 동결건조의 장、단점

장 점	단 점
다공상 건조물로 수분침투가 용이하고 부스러지기 쉬운 구조	휘발성 물질의 손실 최소화
열민감 물질의 손상을 최소화, 복원성, 보전성 우수, 균일화	다공성으로 표면층 확대로 산화용이, 흡수성 강함(보관유의)
정밀하고 깨끗한 충진이 가능 세균, 산소에 의한 변질 억제	에너지 소모비용이 너무 높다 - 2~3배
빠르고 완벽한 재수화 가능	타 건조기에 비해 시간이 너무 길고, 건조비용이 비싸다

■ 동결진공 건조의 원리

- 1단계(동결) : 동결로 물질을 고체화 시킨다.

대부분의 동결건조는 정적인 방법으로 선반 위에서 얼려지며 동결과정 중 수분이 얼음결정으로 분리됨에 따라 용질의 농도는 매우 증가함을 감지하여 관리되어야 한다.

액제 동결건조의 경우는 선반에 얇게 얼려 동결과 건조시간을 줄일 수 있다.

- 2단계(승화-1차건조) : 건조된 물질의 수분이 4%대로 줄어들며 건조 전 물질의 형태와 크기를 그대로 유지하는 감압과정.

대감압에 의해 비등점이 낮아지는 원리를 이용한 승화는 빙결정 온도의 포화증기압, 즉 승화 압 과 건조chamber내 수증기압의 차이에 의해 발생한다. 단순물질의 1㎝두께의 고형물이 온도와 진공압력을 적절히 조절한다면 10~20시간 정도 소요된다.

▶ 건조시간은 K(두께) 1.5에 비례적이다.

- 3단계(2차 건조) : 제품특성이 원하는 수분까지 줄여야 한다. (1.5±0.5%)

이때는 결합 수, 결정화된 수분, 세포내부의 수분, 흡수된 물 등 마지막 남아있는 수분을 제거한다. 건조된 물질의 잔여 수분은 생명체 보관의 중요한 요소로서 1.5±0.5% 에서 최적의 적정량으로 유지된다.

■ 동결 진공 건조에 적합한 제품

- 불안정하고 열에 민감한 제품
- 살아있는 미생물, 생체식품, 효소, 호르몬 등 장시간
- 보존이 불가능한 생물류
- 정밀한 충전을 요구하는 제품
- 빠르고 완전한 재수화, 최고가치 제품류

■ 참고사항

진공 동결 건조기는 규모결정은 선반면적으로 결정

- Medium규모 : 2㎡ ~ 20㎡
- 대규모 설비 : 20㎡ 이상 (80kg/bulk, batch)

최근 식품 동결건조기는 200㎡ 이상으로 제작되고 있다.

⑪ 기류건조

■ 정의 : 기류건조(Jet Dryer)란 반고형물, 과립, 괴상의 갓을 배관 속 급속히 흐르는 열 기류 중에 분산시켜 함께 이동하면서 건조되는 방법으로 유동층 건조기보다 건조속도는 빠르나 함수율이 높다. 풍속 20 ~ 40m /sec로 이동되며 부서지고 부정형 분말건조에 많이 이용된다.

■ 장 점

- 물질과 열풍의 열전달 계수가 커 상대적으로 장치계수가 작다.
- 물질의 표면증발에 의해 급속히 건조된다(1~2분).
- 표면증발 진행으로 400~800 의 고온에도 60~70 를 초과하지 않아 품질손상이 없으며 구조가 간단하다.
- 열효율이 높고 처리능력이 크며, 조절이 용이하다.
- 설치비가 작고 운전보수가 쉽다.

■ 단점 : 소요 동력이 크고 마모성과 부착성이 큰 재료에는 부적합하다.

⑫ 피막건조(Drum dryer)

■ 정의 : Drum 건조는 액체, slurry상, paste상, 반고형물 등 농도와 점도를 가진 피 건조물을 가열된 드럼건조기 표면에 0.3~0.5 mm 정도의 두께로 묻혀 드럼이 2/3정도 회전하면서 건조된 반제품

을 결착된 Blade로 긁어내는 방법이다.

■ 특 징:
- 건조시간이 짧고, 고온노출시간도 짧아 물성변화 적다.
- 열효율이 높고, 구조간단, 기계청소가 용이하다.
- 기계전환시간이 짧아 다품종 소량생산에 유리하다.
- 연속 생산

⑬ 배건 건조

배건로 위에 피 건조물을 얹어 장작, 톱밥 등이 연소할 때 생기는 복사열과 상승기류에 의하여 건조시키는 방법. 훈연중의 독특한 향기와 항산화 물질 등이 포함되어 훈건법과 같다.

■ 배건 건조 주의점

직화열로 인한 표면경화현상이 발생할 수 있으므로 배건과 배건 사이에 시간여유를 부여 수분확산의 기회를 주고, 배건을 몇 단계로 나누어 시행한다.

⑭ 포말건조(Foam-mat drying)

액상식품을 농축하여 기포성을 높이거나 기포제를 첨가하여 기포성을 높이는 방법

■ 고압가스와 혼합 포말층을 형성, 다공판상에 도포하는 방법.

■ 다공판상에 2∼5mm 두께로 도포, 그 하부에의 다공판 구멍을 통해 고압가스를 통과시켜 포말 층을 형성하는 두 가지 방법이 있다.

XII. 포장 기술

1. 식품 포장의 정의

식품포장은 포장산업 중에서 차지하는 비중이 큰 분야로서 그 나름의 특징을 가지고 있다. 식품위생법에서는 용기 · 포장을 「식품 또는 첨가물을 넣거나 싸는 물품으로서 식품 또는 첨가물을 수수할 때 함께 인도되는 물품을 말한다.」고 규정하고 있다. 이렇게 규정되는 식품의 포장용기는 포장되는 식품에 저장성과 보호성을 주면서 위생적인 면에서 안전하여야 한다. 따라서 식품포장은 식품의 유통과정에 있어서 그 품질을 보존하고 위생적인 안전성을 유지하며 생산, 유통, 수송의 합리화를 도모함과 아울러 상품가치를 증대시키고 판매를 촉진하기 위하여 알맞은 재료나 용기를 사용하여 식품에 적절한 처리를 하여 포장하는 기술이나 또는 그렇게 한 상태라고 정의할 수 있다.

식품포장을 말할 때 포장의 수준에 따라 많이 분류한다. 1차 포장(primary package)은 담은 제품과 직접 접촉하는 것을 가리킨다. 이는 1차적이면서 가장 중요한 차단성을 부여한다. 1차 포장의 예로는 캔, 유리병, 플라스틱 파우치 등이 있다. 2차 포장(secondary package)은 골판지 상자와 같은 1차 포장들을 담는 것을 말한다. 2차 포장은 유통 용기이며 소매점에서 1차 포장들을 진열하는 목적으로 사용되기도 한다. 3차 포장(tertiary package)은 여러 2차 포장을 담도록 된다. 예로서 많은 골판지 상자를 쌓고 수축 필름으로 싼 팔레트를 들 수 있다. 국제무역에서는 3차 포장인 여러 개의 팔래트를 담은 4차 포장인 컨테이너가 자주 사용된다. 이는 크레인에 의해서 배, 트럭, 열차에 옮겨서 이송할 수 있다.

식품포장은 또, 포장재료에 따라서 캔포장, 병포장, 종이포장, 플라스틱포장 등으로 나뉘거나 액체식품포장, 고체식품포장 등으로 식품의 형상에 따라 분류한다. 포장방식에 따라서 진공포장, 가스치환포장, 수축포장, 스트레치포장 등으로 유통을 강조하여 냉장식품포장, 냉동식품포장, 레토르트식품포장으로 혹은 포장재료의 물성을 중심으로 유연포장, 강성포장, 방습포장, 가스차단포장 등으로 나누어 얘기하기도 한다.

이러한 분류는 개념의 복합성과 다양성에 근거하며 이러한 면이 함께 고려되어야 함을 나타내고 있다. 즉, 식품포장은 적절한 포장재료의 선정, 충전방법 혹은 기계, 가공처리, 봉합의 4단계로 구성되며, 이러한 단계가 따로 구별될 수 없을 정도로 밀접한 관계를 가지며 system packaging으로 발전되어가고 있다.

2. 식품포장의 기능

포장의 기능과 목적은 식품의 종류나 특성에 따라 여러 각도를 다르게 볼 수 있겠으나 다음과 같이 열거할 수 있을 것이다.

□ 포장은 식품을 담아서 운반하고 소비되도록 분배하는 취급수단이 된다. 예를 들면 많은 액체식품이 병으로 포장되고 이러한 병들이 박스에 담겨지고 이 박스들이 다시 쉽게 운반할 수 있는 팔레트로 묶여져서 트럭으로 수송되게 된다. 포장에 의해서 식품의 저장과 유통을 도와주게 된다. 포장은 식품의 유통범위를 확대시키고 유통 중 손실을 최소화하며 수송, 유통 중 물리적인 손상으로부터 제품을 보호한다.

□ 포장은 또한 식품에 보호성과 보존성을 주며 또한 이를 위한 식품가공공정을 가능하게 하며 도와주게 된다. 포장 외부로부터 산소, 수분, 빛을 차단하여 식품에 저장성을 주는 기능을 가진다. 또 포장을 함으로써 곤충이나 오염물질로부터 보호하며 적절치 못한 취급과정에서도 식품의 위생성을 확보시켜 주기도 한다. 특히 포장이 부여하는 보호성은 현대적인 식품유통체계 하에서는 필수적이며 비록 포장이 원가에 차지하는 비중이 높고 환경문제를 유발시키더라도 상품으로서의 식품에는 없어서는 안 될 요소로 자리 잡고 있다. 다만 비용이 적게 들고 환경적인 영향이 우수하면서 적절한 보호성을 부여하는 포장을 설계하는 것이 중요하다. 예로서 많은 살균식품에 사용되는 금속 통조림포장은 구조적인 견고성으로 보호기능을 수반하면서 살균공정에서 열전달계산이 가능하게 하고 저장성 확보를 위한 밀봉 및 차단기능을 달성시켜 준다. 건조식품포장에 있어서도 적절한 수분 차단성을 갖는 포장이 유통과정 중 품질을 유지시켜 준다.

□ 포장이 갖는 다른 측면의 보호성이 변조방지의 기능이다. 소비자가 포장식품을 구매하여 소비할 때 포장의 상태를 확인함으로써 변조되거나 내용물이 오염되어있는가를 알 수 있게 함으로써 소비자와 생산자를 함께 보호하는 역할을 한다.

□ 포장은 소비자에게 편의성을 제공하는 기능을 갖는다. 여러 예가 있지만 대표적으로 캔맥주를 들 수 있다. 캔맥주는 포장자체가 보호성과 운반성 등의 기능을 제공하면서 소비자가 따서 마시기에 편리함을 주고 있다. 소매점 등에서 보는 컵모양의 용기에 담겨 있는 1컵 청주의 경우도 하나의 예가 될 것이다. 소비자가 사서 쉽게 뚜껑을 따고 컵 등에 따를 필요 없이 그대로 마시면 되게 되어 있다.

□ 포장이 갖는 중요한 기능의 하나가 판매촉진의 기능이다. 많은 가공식품이 판매시장에서의 성공할 수 있는지의 여부는 광고와 판매전략에 의하여 좌우된다. 최근 식품유통이 대형 슈퍼마켓 등을 통하여 소비자가 직접 진열대의 상품을 골라 구매하게 되는 유형으로 변화하게 됨에 따라 포장의 판매 촉진 기능이 더욱 중요시되고 있다. 이러한 판매방식에서 포장식품은 포장의 디자인이나 표시를 통하여 소비자와 대화하고 자신을 과시하며 나타내게 된다. 포장이 갖는 광고효과는 신문, 잡지, 텔레비젼 등의 광고매체의 광고효과보다 비용이 저렴하며 우수한 것으로 평가되고 있다. 따라서 제품에 대한 표시방법과 모양을 포함한 포장의 디자인이 크게 중요성을 갖게 된다. 현대는 상표가 상품판매에 큰 힘을 발휘하는 것도 이러한 관점에서 생각할 수 있다. 다만 포장에서의 표시사항은 식품위생법 등의 여러 규정을 지켜야 하고 근거 없는 과장광고의 범위를 넘지 않아야 할 것이다. 포장의 판매촉진기능이 강조된 하나의 예로 코카콜라(Coca Cola)의 병의 모양과 디자인을 꼽을 수 있다.

□ 포장의 계량의 기능을 가지고 포장을 통하여 식품의 규격화가 가능하게 된다. 우리는 포장을 보고 오렌지 쥬스가 200㎖인지 250㎖인지 알 수가 있고 시장에서 산 우유가 180㎖들었는지 200㎖가 들었는지 알게 된다. 그리고 이러한 사항이 다를 경우 소비자고발도 할 수가 있다.

□ 포장이 식품의 판매가격에 차지하는 비중이 크기 때문에 적절한 포장은 원가절감의 기능을 가질 수 있다. 이러한 면은 앞에서의 여러 다른 기능과 상충되는 관계를 갖게 될 때도 있지만 여러 면을 종합적으로 잘 고려한 적절한 포장설계는 원감절감에 큰 기여를 할 수 있는 가능성을 가진다. 포장비의 구성에는 포장재, 포장기계, 포장의 크기 등이 함께 고려되어야 하고 앞으로는 포장이 갖는 환경오염과 에너지소비의 문제도 함께 고려되어야 할 것이다.

3. 식품포장의 요구 조건

포장의 선택에는 여러 가지 사항이 고려되어야 하지만 제품에 대한 지식, 수송운반과정, 시장상황, 포장재 및 형태, 기계와 동력비용 등의 요소가 검토되어야 한다. 여러 면 중에서도 적절한 가격 등으로 시장성을 확보하는 동시에 무엇보다도 유통경로에서 식품의 위생성과 품질면에서 좋은 보호성을 갖는 것이 중요하다. 즉 저장면을 고려하여 품질손실을 억제하고 외부환경으로부터 오염을 방지하여야 한다. 이에 식품의 변패기작을 이해하고 이를 방지하기 위한 여러 식품보존기술을 이해하여야 하며 이들의 포장과의 관계를 알 필요가 있다.

식품은 운반, 가공, 저장과정에서 다음의 여러 기작에 의한 품질의 손상이 있게 된다.

① 동물(곤충, 쥐 등)에 의한 손실

② 미생물(박테리아, 곰팡이, 효모)에 의한 오염

③ 화학반응(산화반응, 가수분해반응, 효소반응)

④ 물리적 변화(수분의 손실에 의한 텍스처변화, 가스의 유입, 방사선 오염)

바구미, 파리, 개미, 진딧물, 벌레 등과 같은 곤충은 수확 전의 식물과 수확 후의 곡물 등을 오염시킬 수 있다. 그러므로 원료의 엄격한 품질관리가 완제품의 오염을 방지하기 위하여 필수적이다. 많은 곤충들이 수분활성도 0.3 이하에서도 자랄 수 있으나 15 이하의 온도에서 증식은 불가능하다. 쥐들도 곡물에 있어서 포장재를 훼손하고 여러 곳을 옮겨 다니면서 병원성 미생물을 오염시킬 수 있다.

대부분의 미생물의 오염도 일부의 발효식품을 제외하고는 바람직하지 못하며 억제되어야 한다. 산화반응이나 가수분해반응과 같은 화학반응은 저장 중 좋지 못한 향미를 발생시킨다. 효소가 존재하는 경우에는 저장과정 중에 계속 작용하게 되므로 이를 방지하기 위하여 채소들은 보통 냉동저장이나 건조저장을 하기 전에 데치기 공정을 거치게 된다. 물리적 변화는 주로 수분의 손실이나 증가와 관련되고 있는 식품의 조직감을 나쁘게 한다. 여러 휘발성 성분의 흡착은 이미나 이취를 발생시키기도 한다.

위에서 든 여러 가지 변패과정을 억제하기 위하여 적절한 제어방법을 이용하게 되는데 대체적으로 다음과 같이 열거할 수 있다.

① 수분함량의 감소

② 화학적 처리(아황산, 아질산염, 유기산, 항산화제 첨가)

③ 고온처리(살균, 데치기)

④ 저온의 이용(냉동, 냉장)

⑤ 방사전 조사

⑥ 보호 및 환경조절을 위한 포장

표 XII-1. 식품포장과 환경요인과의 상호관계

환 경 인 자	고려되어야 할 포장의 물성
기계적 충격	강도
산소압, 수증기압	투과성
빛의 강도	광선투과도
온도	열전도도, 다공성, 반사도
생물인자	침투성

4. 포장재

1) 금속포장재

▫ 금속캔은 식품포장용기로서 경제성과 내구성, 보호성의 측면에서 우수하여 살균식품의 포장뿐만 아니라 건조식품과 같은 비살균용도의 포장에도 광범위하게 쓰이고 있다. 금속캔은 기본적으로 강

성용기로서 밀봉보존기능이 극히 우수하며 다음과 같은 특성을 갖는다.

① 산소 등의 기체, 수분 및 빛을 완벽히 차단한다. 완벽한 차단성으로 인해 식품에 대해서 우수한 보호성을 제공한다. 반면 내용물을 외부에서 볼 수 없다.

② 독성이 없으며 위생적으로 비교적 안전하다.

③ 내열성이 우수하고 열전도성 및 전기전도성이 좋다. 따라서 내용물을 충전하고 밀봉한 후 고온에서 가열살균하고 상온에서 보존하는 용도로 적당한다.

④ 높은 기계적 강도를 가져서 부서지기 쉬운 식품의 파손방지와 맥주나 탄산음료의 포장과 같이 내압이 요구되는 용기에 적당하다. 그리고 곤충이나 쥐 등의 피해를 받지 아니한다.

⑤ 상온 하에서 고속의 고정밀 기계가공을 할 수 있어 대량생산과 규격화에 있어서 생산효율이 우수하다. 그리고 가공에 열에너지를 그다지 필요로 하지 않는다.

⑥ 고분자 재료와의 복합화가 용이하여 표면을 라카로 코팅함으로써 내용물에 의한 금속과의 반응을 방지할 수 있다. 그러나 종이나 플라스틱 용기에 비하여 무겁다.

⑦ 회수수단이 계획되면 사용된 용기의 recycle이 가능하다. 그러나 내버려둔 캔은 상당히 오랫동안 안정하다.

⑧ 현재 금속 캔은 식품용기 중에서 가장 규격화가 잘되어 있다.

ㅁ 알루미늄은 캔의 제조에 사용되는 외에 호일과 가공되어 유연포장에 다양하게 사용되고 있다. 알루미늄 호일은 빛, 수분, 가스와 여러 오염원으로부터의 차단성이 아주 우수하여 유연포장에서 차단성 부여의 목적으로 여러 가지 유연 포장재와 결합하여 많이 사용된다.

(1) 용기제조용 금속재료

① 강판(steel plate) 및 주석판(tinplate)

주석판이라함은 주석과 철을 이렇게 결합시킴으로써 기계적 가공성과 강도 및 위생성, 내부식성, 외관에서 우수한 재료가 되게 한다.

② TFS(tin free steel)

TFS는 주석 대신에 극히 얇은 크롬층을 전기분해에 의해 도금한 재료이다. TFS 피막은 주석과 같이 소재강이나 식품에 대해 보호기능을 가지고 있지 않으므로 사용에 앞서서 코팅하는 것을 전제로 한다. 또 납땜성이 없고 표면 크롬층은 단단하므로 취급에 주의를 요한다.

③ 알루미늄(aluminum)

알루미늄은 필요한 가공성과 내식성을 위해 합금으로 제조되어 사용되며 합금에는 대표적으로 망간계와 마그네슘계가 있다. 상업적으로 순수한 알루미늄(1100형 및 1050형)은 호일과 압출용기의 제조에 사용된다.

④ Tube식

약제충전용 호퍼내의 약제층의 위에서 충전용 funnel을 밀어 넣어 약제를 충전하는 동시에 funnel내의 압축된 약제를 punch로 압축하여 충전하는 방식이며, 여기에 적합한 물성으로서는 funnel내의 압출된 후 캅셀로 이동할 때까지 쏟아지지 않을 만큼의 응집성이 필요하다.

2) 플라스틱 포장재료

유기 고분자 물질 혹은 플라스틱은 폴리머(polymer)로서 단위체(monomer)라 불리는 일정한 분자량을 가진 물질의 반복체이다. 이 단위체들은 상온과 상압 하에서 주로 가스나 액체 상태이나 제조된 폴리머는 상온과 상압 하에서 주로 고체 상태이며 그들의 구성체인 단위체와는 달리 분자량 분포를 갖고 있다. 이러한 폴리머의 특성으로는 ① 높은 기계적 성질 ② 높은 점성 ③ 복원력을 보유한 고무탄성적 성질 등을 갖고 있다. 보통 폴리머의 평균 분자량은 103에서 107사이이며 대부분의 상업적 플라스틱인 폴리머들은 5×103에서 5×105사이이다.

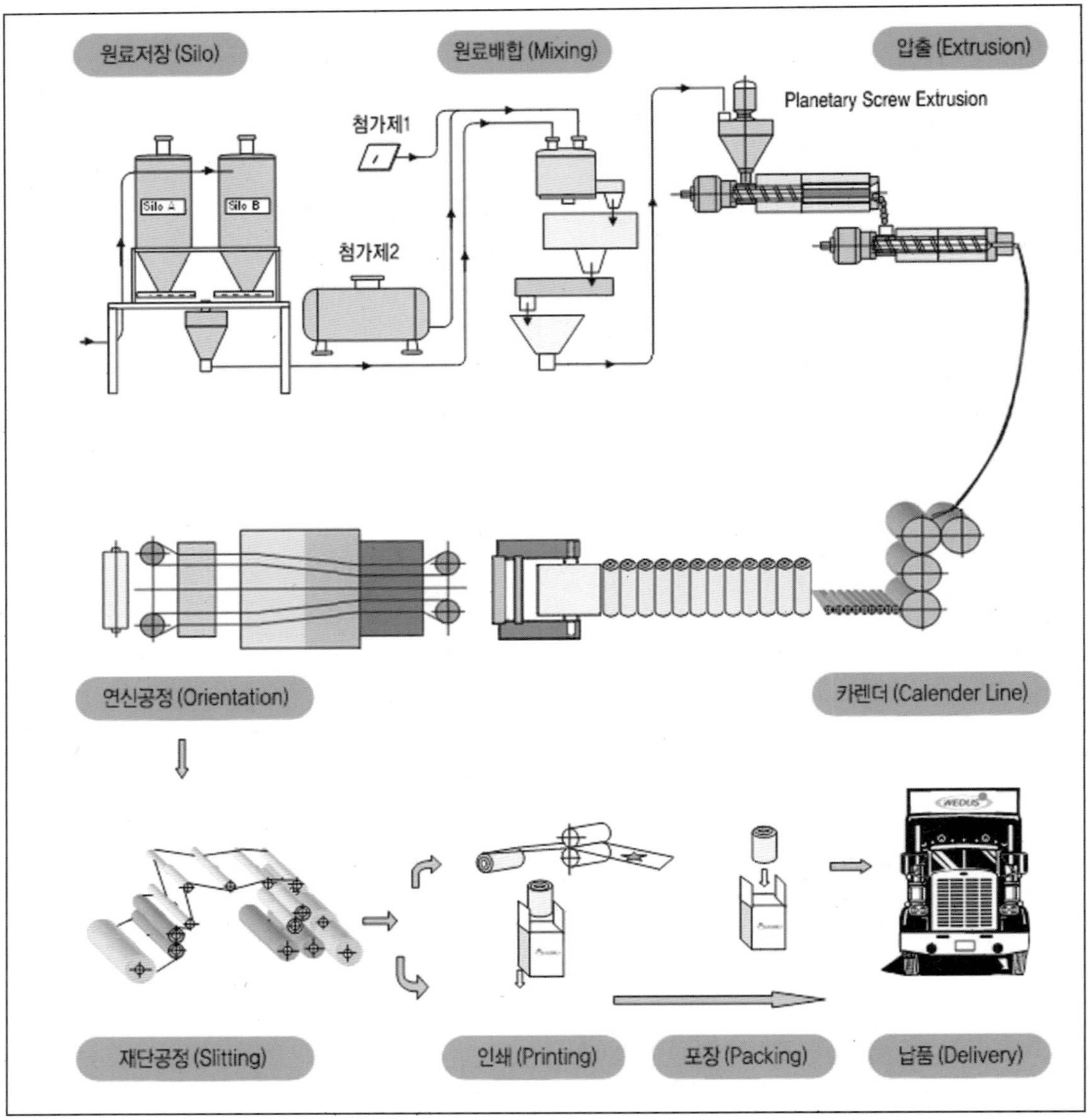

PET제조 공정도

(1) 플라스틱 식품포장재료

① 폴리에틸렌(polyethylene : PE)

폴리에틸렌은 에틸렌 가스의 중합체로 가장 먼저 상업화된 폴리 올레핀계 물질로 1933년 영국 ICI사에서 저밀도 폴리에틸렌(low density polyehtylene : LDPE)이 처음 합성된 이래 1950년대 미국과 독일에 의해 고밀도 폴리에틸렌(high density polyehtylene : HDPE)이 개발되었고 1960년대 캐나다의 듀퐁사에 의해 선형 저밀도 폴리에틸렌(linear low density polyethylene : LLDPE)이 생산되고 있으며 최근엔 초저밀도 폴리에틸렌(very low density polyethylene : VLDPE)도 개발되었다.

일반적으로 폴리에틸렌은 수분 차단성이 좋으며 내화학성 및 가격이 저렴한 장점이 있는 반면 기체투과성이 큰 특징이 있다. 저·중·고밀도의 투명 내지 반투명 폴리에틸렌 필름은 여러 가지 유연포장 분야에 사용되고 있으며 저밀도 폴리에틸렌의 경우 내한성이 커서 냉동식품 포장과 열융착성이 좋아 다른 포장재와 열접착성 포장재로 많이 사용되고 있다. 고밀도 폴리에틸렌 필름인 경우 쇼핑백과 같은 백용에 많이 사용된다. 수축 필름으로서 저밀도, 선형 저밀도, 혹은 저밀도와 산형 저밀도 복합의 폴리에틸렌 필름이 박스포장 혹은 냉동식품 포장용으로 사용되고 있다.

사출성형 포장재로는 고밀도 폴리에틸렌의 우유병과 같은 용기나 저밀도 폴리에틸렌의 캔 뚜껑 혹은 병마개 등에 사용되고 있다. 그 외 코팅용으로 저밀도 폴리에틸렌은 우유팩과 같은 용기의 방습 및 열접착용 코팅재로, 압출 라미네이션 작업시 접착용 수지로 사용되고 있다.

② 폴리프로필렌(polypropylene : PP)

폴리프로필렌 제조를 위한 방법으로는 프로필렌과 올레핀, 비닐 단위체 등의 각종 comonomer와의 중합 방법이 있으나 일반적인 comonomer로 에틸렌이 사용된다.

폴리프로필렌은 비중이 0.9～0.91로 가벼우며 무미, 무취, 무독의 안전성을 가지고, 가공이 용이하며 우수한 방습성, 투명도, 광택도, 내열성이 좋다. 그러나 산소 투과도가 높아 차단성이 요구될 때 알루미늄 증착이나 PVDC 코팅을 하여 사용하며 표면 흡착도가 낮아 인쇄시 코로나 처리 등 표면처리가 필요하다. 또 정전기 발생이 심하여 대전방지처리가 필요하다.

③ 폴리염화비닐(polyvinyl chloride : PVC)

폴리염화비닐은 염화 비닐 단위체를 첨가 중합하여 만든다. 가소제가 비교적 적게 들어간 경질의 폴리염화비닐은 내유성이 강하고 산과 알카리에 강한 반면 수분 차단성은 폴리올레핀보다 약간 낮으나 가스 차단성은 높아 유지 식품의 산패 방지에 쓰인다. 특히 시트는 질기고 단단하며 Mould의 미세한 부분까지 성형이 잘되어 열성형 용기로 많이 쓰인다.

④ 폴리 염화 비닐리덴(polyvinylidene chloride : PVDC)
폴리 염화비닐리덴은 폴리염화비닐과는 달리 사슬이 매우 규칙적이며 결정도가 높아 산소나 휘발성 성분 및 수분에 대한 차단성이 매우 높아 에틸렌 비닐 알콜과 더불어 대표적인 고차단성 포장재로 사용되고 있다.

⑤ 폴리에틸렌 테레트탈레이트(polyethylene terephthalate : PET, PETP)
폴리에틸렌 테레프탈레이트는 1941년 영국에서 처음 에틸렌글리콜(ethylene glycol)과 테레프탈산(terephthalic acid)의 축합 중합으로 합성되었다. 그 후 폴리에틸렌 테레프탈레이트는 1976년 미국에서 2리터용 탄산 음료병이 생산되면서 급성장을 하여 오늘에 이르렀다.

3) 유리포장용기

ㅁ 식품포장의 목적으로 유리가 사용되어 온 것도 아주 오래 전의 일이나 우유포장 등을 위해 유리병이 본격적으로 사용되기 시작한 것은 19세기말 경이었다. 유리포장용기가 사용되는 용도는 일반식품, 음료, 맥주, 주류의 포장 등이고 비식용 상품의 포장으로도 약품, 화

장품, 가정용품에도 많이 사용된다. 포장용기의 구조는 협구병(bottle), 광구병(jar), 컵(tumbler), 항아리(jug)의 형태로 이용되고 있다. 우리나라에서의 포장산업에서 유리포장재료의 생산금액 구성비는 1987년 기준으로 약 7%를 점하고 있다. 유리용기의 생산량은 1991년에 77만톤에 달한다.

ㅁ 유리용기는 무겁고 부서지기 쉬운 특성으로 인하여 편의성면에서 플라스틱이나 캔 포장에 비하여 경쟁력이 다소 떨어져서 시장을 이들 포장재에 의하여 잠식되어 왔다. 그러나 유리포장은 재활용이나 재사용면에서 우수한 환경 친화적인 포장일 뿐 아니라 가격 면에서도 우수한 포장으로서 앞으로 그 지위가 주목된다. 그리고 전통적인 유리의 포장의 이미지가 필요로 하고 있는 주스, 마요네즈와 같은 품목의 포장에서는 아직도 그 위치를 지키고 있다. 앞으로 유리포장용기의 성장가능성은 플라스틱 성형용기와의 경쟁관계에 의해 결정될 것으로 전망된다.

수직앰플제조기
Vertical type machine

수평앰플제조기
Horizontal type machine

수직바이알제조기
Vertical type machine

수평바이알제조기
Horizontal type machine

(1) 식품포장에 있어서 유리의 특성

유리는 용융상태로부터 결정화과정이 없이 고체상태로 냉각된 무정형의 무기화합물이다. 엄밀한 의미에서 무정형의 유리는 고체도 아니고 액체도 아닌 유리질의 상태로 존재한다. 유리는 특정한 융점이 없으며 과냉각된 액체상태라고 정의할 수 있다. 이러한 현상은 오래된 판유리가 오랜 시간 동안 서서히 흘러내려서 밑부분이 두꺼워진 현상으로 확인할 수 있다.

(2) 마개의 기능

유리포장의 결정적인 완성은 병을 밀봉하는 마개에 의하여 이루어진다. 마개라 함은 뚜껑이나 캡(cap), 덮개, 코르크 등을 포함한다. 유리포장이 수증기, 가스에 대해서 아주 우수한 차단성을 가지고 있지만 마개가 잘못 설계되거나 이루어지면 식품에 보호성을 부여하는 유리 포장의 이점은 없어지고 만다.

마개는 내용물의 종류에 관계없이 다음 기능의 한 가지 이상을 수행하는 목적을 가진다.

① 용기 내외로 고체, 액체, 기체의 이동을 막는 효과적인 밀봉수단을 제공한다.

② 편리하게 개봉되는 기능과 함께 내용물 일부를 두었다가 다시 소비할 수 있도록 재밀봉의 기능을 부여한다.

③ 불법적인 포장요기의 개봉이 있었는지를 보여주는 증거로 작용한다. 즉 변조방지의 기능을 가진다.

4) 종이포장

(1) 식품포장재로서의 종이

종이는 AD 105년경 중국의 채륜에 의하여 발견된 이래 주로 통신, 출판의 목적으로 이용되어 왔다. 어느 때부터 종이가 양산되고 가격이 싸져서 선물을 싸거나 물건을 담는데 사용되기 시작했는가는 분명치 않으나 18세기에 이미 포장목적으로 종이가 광범위하게 사용되고 있었다. 그러다가 산업혁명 등으로 인해 인구가 도시로 집중되고 이로 인해 급성장한 도시는 보다 많은 식품을 원하고 부의 축적으로 다양한 식품을 요구하게 되었다. 이러한 변화에 맞추어 식품유통체계가 함께 변화하여야 하였고 이로 인해 식품포장이 등장하게 되었다. 처음에는 종이봉지가 소매점에서 밀가루나 설탕을 분포장하는데 사용되었고 공장이나 도매상에서도 제품을 포장하기 시작하였다.

(2) 종이의 종류

종 류	원 료	중 량 (kg/100㎡)	인장강도 (종방향, kN/m)	특성 및 사용처
크라프트지	침엽수재로부터의 크라프트 펄프	70-300	2.4-11.3	중량물 포장지, 착색, 표백 혹은 천연색, 습강도 증가 형태나 수분비흡수성 종이로도 제조, 백, 다층 백, 골판지의 라이너용
아황산지	침엽수재 및 활엽수재의 혼합 표백펄프	35-300	다양함	인쇄적성이 우수한 밝은 색의 종이, 소형 백, 파우치, 왁스지, 라벨 및 금속 호일적층용에 사용됨
내유성종이	심한 고해과정을 거친 펄프	70-150	1.7-4.4	제과용이나 지방성식품의 내유성 포장에 사용
글래신지	내유성 종이와 비슷하나 심한 calendering	40-150	1.4-5.2	내유성, 백이나 박스의 내포장으로 사용되어 향기 차단성 제공, 비방성 식품에 사용
황산지	사이징 첨가않은 펄프의 황산처리	12-75	2.1-14.0	무독성, 높은 습강도, 고수분 지방성 식품에 대해 내유성 목적으로 사용
화장지	대부분의 펄프로 부터의 경량종이	20-50	아주 낮음	경량의 가벼운 wrapping

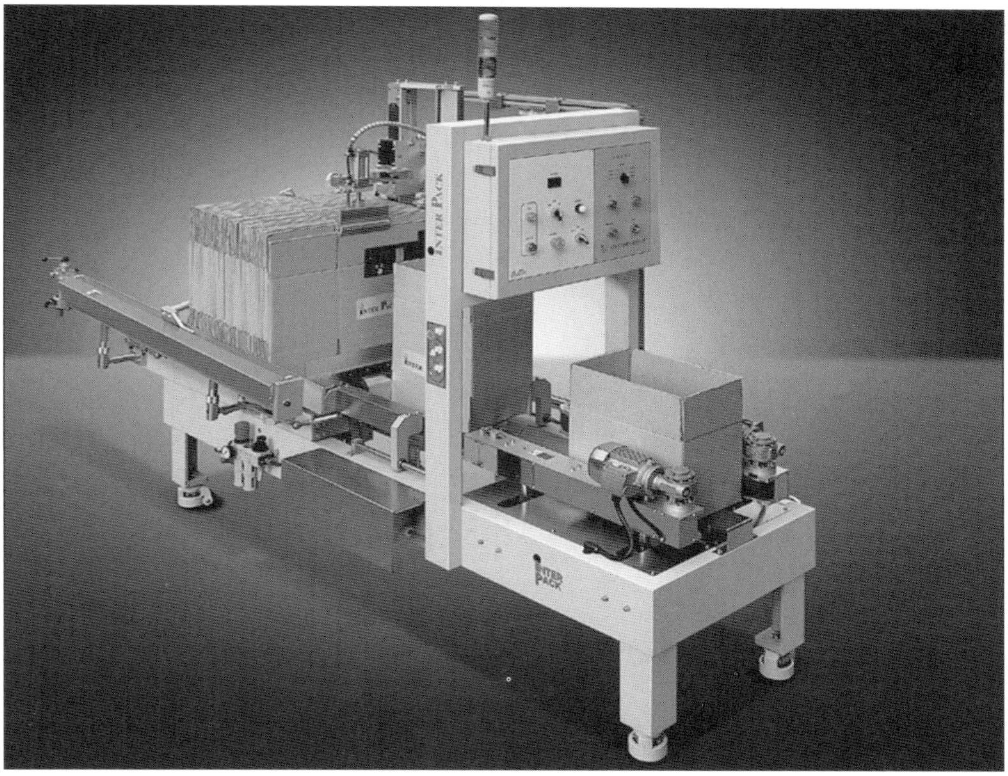

5) 건강기능식품에서의 포장종류

(1) PTP 포장 : 캅셀, 정제, 환제 포장

(2) 파우치포장 : 추출액, 농축액의 액상 혹은 분말, 과립등 포장

(3) 필름포장(Pillow type) : 환제, 과립, 분말, 액상등 다양한 포장에 활용

(4) 용기포장 : 캅셀, 정제, 환제, 과립, 분말 포장, PET를 이용한 액상

(5) 병포장 : 액상포장

(6) 기타포장

참고 문헌

1. Cohen R.D., R.F. Probstein (1986) Colloidal fouling of reverse smosis membrane, J.of Colloid Interface Sci, Vol. 114. a
2. Pervov G. (1991) Scale formation prognosis and cleaning procedure schedule in reverse osmosis system operation, Desalination 83, pp.77 118. a
3. 이규현 (1994) 막을 이용한 고도 수처리 기술, 환경기술, pp.18 25. a
4. Cartwright P.S. (1990) Pollution control membrane : Continuous, Competitive, Clean, Chemical Processing, July. a
5. Dhawan G. K., R. Doiel (1983) Zero discharge industrial wastewater treatment at R.D. Nixon power plant, UOP publication. a
6. Hofhrins W. (1984) RO membrane technology, water tech, pp.24 29. a
7. 황선탁 (1991,12) Current and future trend of membrane research, 멤브레인, Vol.1, No 1, pp1. a
8. Patrick S. (1992) Waste minimization, Industrial water treatment, pp.34 39. a
9. 식품 살균기술/살균공정에서의 막 분리 기술, 박영호, 최용희, 한국식품과학회, 2000
10. 반 고형제의 제제 기술 - 지상철 외 6명 - 한국 약제학회 1992년
11. 생약의 품질관리 - 국립 보건원 1986년
12. 식품 가공의 이해 -박희용, 이승기, 이경행, 박원종 - 도서출판 효일 - 2002년
13. 식품가공 기술학 - 김행열, 오문헌, 이경혜, 이수한, 장학길 - 상 동 - 2003년
14. 제형의 원리와 기술 - 이범진, 한건저 - 도서출판 성일상사 - 2005년
15. 현대 식품가공저장학 - 오현근, 정인창, 안용근, 오성천 - 도서출판효일-2004년

MEMO

MEMO